一次就成功

拉花渲染皂
乳香皂

手藝家書名：

手工皂 乳香皂 拉花渲染 技法

Contents 目錄

作者序　P.4　　常用工具和材料　P.5

《第一章・基本功力》
做皂初體驗　P.9
牛奶皂作法　P.15
手工皂切塊法　P.17
修皂器使用方法　P.20
手工皂修飾技巧　P.21
蓋皂章　P.22
手工皂的包裝　P.24
造型模使用法　P.26

《第二章・拉花渲染》

紅與黑　P.40

紅心西瓜　P.50

吉米女羽　P.31

琉金年華　P.44

南瓜派對　P.53

深海水草　P.34

藍色羽毛　P.47

明月心　P.56

橘子紅了　P.61　*Tangerine*

陽光棕櫚　P.70　*Sunlight palm*

水乳交融　P.78　*Milk soap*

粉柔玫瑰　P.65　*Powder supple rose*

柔順烏絲　P.72　*Hair*

捲捲壽司　P.83　*Sushi*

哈妮寶貝　P.68　*Honey*

Olive treetree　橄欖樹　P.75

玫瑰情絲　P.87　*Loves rose*

《第四章・舉一反三》P.92~100　《第五章・概念與資訊》P.102　附錄：自製簡易包裝盒　P.116

作者序

手工皂的純天然成分與針對膚質所量身設計的配方，其溫和而獨特的洗感已受到每位喜好者大力推崇與讚許，在長期使用下，不僅讓生態環境免去多餘的負擔，也為家人與自己的肌膚健康多了一層把關。

而每一塊手工皂的誕生，都蘊含著製皂者的心意，從精心選擇的配方，到準確的計算秤量，在輕柔不間斷的攪拌下，加入能舒緩身心的複方精油香氛或花草藥粉。倒入模子後，看是想以純粹的色彩表現，亦或添加一抹色彩、勾勒一彎線條，隨心所欲地盡情揮灑。最後給予細心的保溫，懷著忐忑等候脫模、切皂與數十天的熟成，不論是自用或饋贈親友，手中的一小方皂儘是包裹著滿滿的溫柔，握在手心就能感受到手作的幸福。

就如同一份感情需要緩緩的加溫與呵護，生活更需要一些創意增添樂趣，在疲累了一天後，給自己最美好的沐浴時光，享受手工皂給予肌膚溫潤的洗感以及嗅覺與視覺上美麗的饗宴。

變幻萬千的渲染皂如同一塊畫布，可以發揮每個人的巧思與創意，每個成品都是獨一無二的，可以是精美細緻，或是豪放揮灑，亦或繽紛絢爛，不脫與個人特質或當下心境息息相關，它就像寫日記般，在皂液中寫下心情，傳達著不言而喻的情感。

本書蒐羅各種材料與技巧，搭配詳盡的分格解說，忠實呈現每一技法的秘訣，以期愛皂者按圖索驥都能隨心所欲揮灑創意，發揮手工皂色彩藝術的一面，畫下每個人心中的一幅風景，就像再次感受孩童時期拿起畫筆，恣意塗鴉的新奇與感動。

本書承蒙民聖出版社的協助下才得以完成，而這段期間也要感謝平時忙於博士班研究論文的妻子空暇之餘協助分擔店務及家事，讓我無後顧之憂。這些年來在眾多做皂朋友的支持下，手工皂成為我熱愛的工作與興趣，雖然未來的挑戰還很多，但如同製作手工皂般的過程總是充滿驚喜與期待，它的優點大家有目共睹。希望每個人都能享受這傳統冷製法與現代渲染藝術結合的天然清潔用品，這場手工藝的饗宴相信在台灣這塊人文薈萃又充滿感性的地方能夠無私的被廣泛分享。最後我也想把此份出書的喜悅，分享給默默協助我的親友以及遍布各地做皂的朋友們，也祝福大家能夠平安喜樂！

劉柏青

常用工具和材料【工具】

製作手工皂的道具其實都不用特別去買，大部份在廚房裡都能找到這些日常用品。有一點需要注意的，因為液鹼具有侵蝕性，絕對不要使用一般塑膠、鋁、銅、鐵製的器具。可以使用不鏽鋼、實驗用耐酸鹼量杯或玻璃製品。下列工具是做皂常要用到的，為您做個介紹：

1. 不鏽鋼鍋1個：用來混合植物油及液鹼的容器，鍋子的大小視做皂量而定，材質一定要能耐酸鹼。

2. 不鏽鋼打蛋器1支：將液鹼緩慢倒入油質中，必須靠著打蛋器不停的攪拌，藉以增加二物質混合。

3. 100ml小量杯1個：可用來秤量精油。

4. 500毫升（ml）以上的塑膠量杯及500毫升不鏽鋼杯：一般建議秤量油質用一個，秤量純水的用另一個。

5. 較小的250毫升不鏽鋼杯，用來秤量氫氧化鈉。

6. 不鏽鋼長柄湯匙2支：1支用於油質加熱時攪拌用，另一支則混合粒鹼及水時攪拌用。建議選購30公分左右的長柄湯匙。

7. 溫度計2支：可測量到100℃即可，分別用來測量植物油與液鹼的溫度。一般玻璃酒精溫度計或食品用不鏽鋼溫度計均可，由於玻璃材質易破裂，切記不能以溫度計作為攪拌之用；一旦發生破裂情形，玻璃碎片有汙染油脂或皂液的可能，建議將整鍋油脂或皂液清除不用。

※玻璃溫度計底部非常薄（大約只有0.15公分），因此使用上要小心。雖然高濃度強鹼會腐蝕玻璃，但一般做皂時鹼的濃度不至於將玻璃溫度計破壞，可安心使用。

8. 電磁爐：加熱油質用，在室內操作較安全。

9. 電子磅秤：可精算出材料重量。建議誤差值在0.5g以內較佳。

10. 一公升(ℓ)矽膠吐司模：方便皂液定出方塊形狀，且容易脫模。

11. 橡皮刮刀：鍋內之皂液倒入模型後，可利用有彈性的橡皮刮刀將附著的皂液刮乾淨，避免浪費原料。

12. 護目鏡。

13. 塑膠手套。

14. 毛巾。

15. 渲染用矽膠土司模（含分隔板）一組。

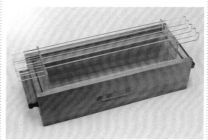

16. 玻璃棒或不鏽鋼棒。

17. 不鏽鋼過濾網。

18. 包裝用PVC膜。

19. 保麗龍箱。

20. 電動攪拌器。

【材料】※詳細材料介紹請見P.102概念與資訊。

Materials

21. 氫氧化鈉。

22. 純水。

23. 油脂類。

24. 調色粉類。
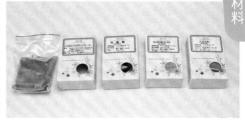

25. 化妝品級香精。

26. 天然精油。

27. 各色皂用染料。

28. 皂基。

做皂時的防護措施：

1. 戴護目鏡：眼角膜若碰到液鹼會立刻產生永久性傷害，請務必全程戴上護目鏡，以保護雙眼。

2. 戴口罩：在溶化鹼類時，會形成刺激皮膚及呼吸道的氫離子氣體，因此務必戴上口罩保護自己。

3. 穿防水圍裙：避免沾到氫氧化鈉等液鹼及油類。

4. 戴塑膠手套：用來保護手部。可使用乳膠手套或PVC手套，但此類手套為丟棄式，無法長期使用。

HANDMADE SOAP

PART 1

《第一章·基本功力》
拉花渲染皂(swirling and marbling soap)介紹

冷製法手工皂的優點，長期以來一直為手工製皂者及使用者所推崇，除了溫和、滋潤外，簡單的添加花瓣、香藥草粉、礦泥粉或食材等，就足以吸引眾人的目光，而芳香精油手工皂如同一杯香濃的咖啡，單純的沐浴也因皂中散發的芬芳而變得浪漫！藝術可以發生在任何的形體上，手工皂亦然！咖啡都可拉花了，手工皂未嘗不可呢？渲染皂的花紋很受歡迎，每種紋路更是獨一無二的，做為贈禮更是實用，能讓收禮的人感受到手作的祝福心意。

渲染皂配方設計時應注意的事項

冷製法手工皂是 鹼＋水＋油脂 經特定溫度及物理攪拌的條件下達到皂化反應的產物(肥皂soap)，由於皂化反應是一種持續性的化學反應，會使得皂液由稀薄變的濃稠，不同於畫畫，皂化反應是不等人的，渲染過程皂液太稀薄或濃稠都將不利於渲染，因此任何影響皂化反應的每個因素都必須考慮。

溫度：太高或太低的溫度，往往會影響皂化反應。
物理攪拌：過度的攪拌也會使皂液變得太濃稠。
鹼（氫氧化鈉）： 鹼的濃度越高，皂化反應越快。
水：通常不影響，但使用量過少時會使得鹼（氫氧化鈉）濃度增加，進而加速皂化。
油脂：油脂的種類往往會影響皂化反應。

會加速皂化的油脂或蠟有哪些？
蓖麻油、苦楝油、大麻籽油、米糠油、松香、未精製小麥胚芽油、未精製酪梨油等油脂，及天然蜜蠟、堪地里拉蠟等（因熔化的溫度約65℃，低於此溫度時，蠟會形成膠質狀，增加操作困難）。
精油：某些類精油(例如：丁香、百里香、安息香、迷迭香、肉桂、印度楝樹等)可能會加速皂化，使得皂液變得太濃稠。
香精：多數的香精會加速皂化，使得皂液變得太濃稠，不適合添加於渲染皂。

其他：例如香水因含酒精成分會加速皂化，使得皂液變得太濃稠。
因此在設計配方時應該盡量避免使用上述的油脂或蠟，假使要納入使用，比例應該降低。另外，選擇油脂以能做出白色皂為主，例如椰子油、精製乳油木果脂、白油、棕櫚油、芥花油、pure級橄欖油、甜杏仁油、榛果油、澳洲堅果油、杏桃核仁油等。
添加物：可選用的顏色及材料如下：
黑色：備長炭、竹炭粉、澳洲黑色礦泥粉、死海礦泥。
紅色：澳洲珊瑚紅礦泥、澳洲淺粉紅礦泥、赤石脂粉、法國粉紅礦泥、法國紅礦泥、聖海倫火山泥、珠光粉(粉紫紅、法拉利紅)。
橘色：紅麴粉、紅棕櫚果油。
黃色：梔子萃取液、紅棕櫚果油、珠光粉(琉璃金)、法國黃礦泥粉、澳洲日光黃礦泥粉、洋甘菊粉、梔子粉、金盞花粉。
咖啡色：可可粉、肉桂粉、海藻粉、蘆薈粉、乳香粉。
綠色：澳洲大堡礁深海泥、珠光粉(蘋果綠)、法國綠礦泥粉(很淺的綠)。
藍色：珠光粉(海水藍)。
紫色：紫草根浸泡油、珠光粉(古銅紫)。
灰色：加拿大冰河泥。

※關於「做皂概念、配方計算、材料成份及特性」，有更詳細的資訊，請見P.102。

做皂初體驗 準備好這些材料工具吧！

1~7：常用工具，詳見P.5説明
8：氫氧化納
9：油脂類
10：純水
11：精油
12：調色粉類

1. 首先將油脂以小火加熱至完全熔化。

2. 部分塊狀油脂不易熔化，可邊加熱邊攪拌並監測溫度。

3. 同時另取氫氧化鈉倒入冷水中。

4. 用長柄攪拌棒將氫氧化鈉攪拌均勻。（為避免嗆到，攪拌液鹼的時間盡量縮短或約攪拌20下後立刻離開，待氣體逸散之後，若發現杯內氫氧化鈉有未溶解的顆粒時，再稍加攪拌即可，此時便不會有濃嗆的氣體產生了。）

※注意攪拌過程溫度會上升及伴隨氫離子的氣體產生，建議戴口罩並在通風良好的地方調製液鹼。
※以中藥草汁取代水時，應該要先冷卻中藥草汁至30℃以下。

5. 將溫度計放入液鹼中測量溫度。

6. 因剛調製好的液鹼溫度很高，可浸泡在冷水鍋中降溫至40~45℃。

7. 油脂以小火加熱至40~45℃即可。

8. 將已降溫的液鹼緩慢倒入油中，並以打蛋器攪拌。

9. 初期可用電動攪拌器輔助，將皂液混合均勻。

10. 後期用打蛋器緩慢將皂液打至乳化狀態，並將皂液中的氣泡逼出。

※如何判斷打皂完成？

a. 將乳化狀態的皂液滴在水杯中，觀看是否呈現小球狀沉降。

b. 如果呈現此乳化球狀態，便可準備添加粉類或精油調顏色。

c. 若皂液呈現浮起散開狀，仍需要再攪打一下，如下圖。

單株水草渲染法

11. 準備5g的澳洲珊瑚紅礦泥，可用15g的水或30g皂液先預混調勻。

12. 將20ml精油加入皂液中，並攪拌均勻。

13. 將約400g的皂液加入已預混好的液狀澳洲珊瑚紅礦泥中。

14. 攪拌均勻。

15. 準備好1000ml矽膠吐司模、600g白色基底皂液、400g澳洲珊瑚紅礦泥皂液。

16. 先將600g白色基底皂液倒入矽膠吐司模內。

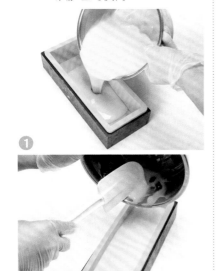

先進行直線倒法

17. 將400g珊瑚紅礦泥皂液，以「直線」方式緩慢來回倒入。

※為了讓紅色礦泥皂液沉到白色皂液底層，杯子要稍拉高增加皂液衝力，皂液流量要適當，皂液流量太少或杯子太低都不利於紅色礦泥皂液沉入底層。

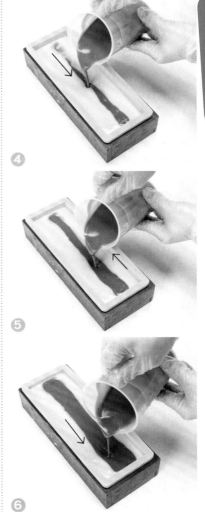

▼失誤作品範例（皂液衝力不夠，未流到底層，切開後就不夠完美。）

18. 第一階段完成。倒入的紅色皂液盡量集中在中間,至於皂液有時會呈現較粗或較細的狀態並不要緊,因為接下來的劃法可以將線條劃開。

次進行弓字型劃法

19. 將玻璃棒在吐司模頂端插到底,由左至右來回的往下劃,直到底端。

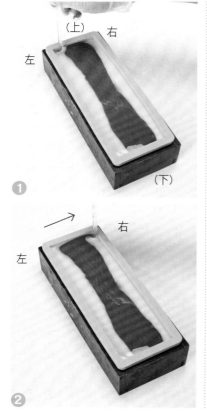

❶ （上） 右 左 （下）

❷ 左 右

❸

❹

❺

❻

20. 接著玻璃棒沿框框往上劃。

21. 左轉,移至吐司模中間。

22. 再往下劃（可直線劃法也可稍具S型劃法）。

❶

❷

23. 最後再沿框框往上劃即可。

❶

❷

24. 劃好即完成作品（左上角為結束點）。

25. 覆蓋PVC模。

※為避免皂液凝固過程中，表面的水分蒸發太快，導致皂體表面產生白色粉狀物〔此為游離在水中的鹼（即氫氧化鈉）與空氣中的二氧化碳結合的產物碳酸鈉〕，可在皂液倒入模型後，封上PVC膜或烘培用的紙張，藉以阻隔水分的快速蒸發及游離鹼與二氧化碳接觸的機會。

26. 放入保溫箱中，靜置保溫24至36小時。

27. 開箱後，成品已硬化，即可準備脫模。

28. 最後再切成塊狀，並稍加修飾平整，就完成美麗的手工皂嘍！（切塊方式詳見P.17）

牛奶皂介紹

當我們以牛乳取代純水做為溶鹼的液體物質時，應該考慮這些乳汁裡所含物質可能與鹼類（氫氧化鈉）產生物理或化學作用，以做為改善製皂過程可能產生的問題。現逐一分析乳汁所含的成分與鹼類反應時可能發生的現象：

動物乳汁主要成分之重量百分比％

種類	脂肪	蛋白質	乳糖	礦物質	水
人類	4.0	1.1	6.8	0.2	88
乳牛	3.6	3.4	4.9	0.7	87

水分：乳汁由於含有約87~88％的水分，以牛（母）乳取代純水製皂時，這些水分子主要可提供做為溶解鹼類的基本溶劑。

乳脂肪：乳脂肪含有磷脂質及蛋白質（其他尚含有類胡蘿蔔素、角鯊烯、膽固醇酯、游離脂肪酸、雙酸甘油脂、單酸甘油脂等），乳脂肪可提供滋潤、保濕等不錯的效果。

蛋白質：牛奶裡的蛋白質易受pH、溫度之影響而改變，最常見的應該是含硫胺基酸所導致的氨味（略似皮蛋味）。因此我們製作牛奶皂時會用冷凍牛奶，以避免高溫對蛋白質的影響。而牛奶裡的蛋白質因具有親水特性，故用牛奶做皂可增加肌膚的保濕性。

醣類：牛奶的醣質幾乎是乳醣，其他則是微量葡萄糖，醣類等物質經加熱過程會有褐色產生及類似焦糖化的氣味，此稱為梅納反應（是1910年法國醫生梅納所發現）。無論用牛奶或母乳取代水而製成的手工皂，其顏色均偏向米黃色，不會是純白色的。

而人類的母乳所含的乳醣含量比牛奶多，因此手工皂的顏色會比牛奶更深。

維生素：通常牛奶中的脂溶性維生素A、D、E與維生素B2、泛酸、生物素、菸鹼酸對熱較安定，但維生素B1、B6、B12、C、葉酸則不安定，皂化反應過程會伴隨放熱反應，有些物質會受影響，有些可能不會。

味道與顏色的反應：強鹼或溫度升高，會使牛奶的某些成分產生變化，例如：蛋白質會產生一些不悅氨味，有如皮蛋味道；而高濃度的鹼與牛奶接觸時間越長，也會發現牛奶顏色會由白色轉成黃綠色；初乳則因含較高的類胡蘿蔔素，通常會產生淡橘紅色。因此建議製作牛奶或母乳皂時，先將牛奶或母乳冷凍成冰塊，可減低顏色及味道劇烈的反應。

Milk soap

牛奶皂作法

1. 製作一公斤牛奶皂時，可購買市售冷藏鮮乳（容量約280ml~300ml）為佳，可直接放入冷凍庫冷凍，也可倒入製冰盒內冷凍成小塊狀。

2. 將小塊狀的冷凍乳放置不鏽鋼杯中，外面不鏽鋼鍋放置冰塊及冰水做為冰鎮，以避免冷凍牛奶升溫過高。

3. 將氫氧化鈉以長柄湯匙舀出，少量多次的灑在冷凍乳表面。

4. 以長柄湯匙攪拌，促進溶解。避免氫氧化鈉與牛奶局部作用太激烈，而產生異味或顏色變綠或焦黃色。

5. 牛奶中因為含有蛋白質及乳脂肪球，所以有些蛋白質與脂類複合物會因為與鹼類作用，而產生變性凝集或因含硫胺基酸所產生的不悅味道。

6. 氫氧化鈉在低溫的牛奶中，因溶解度下降，往往會導致未溶解的氫氧化鈉顆粒殘留於手工皂中，以及凝集的蛋白質與脂類複合物的顆粒，將導致日後牛奶皂晾皂過程形成微生物滋生，因此建議以電動攪拌器進行攪拌，使所有的顆粒能溶解，並被均質的分布在牛乳中。

7. 最後將液體牛奶通過孔洞極細小的不鏽鋼濾網，確保將未溶解的氫氧化鈉顆粒及凝集的蛋白質與脂類複合物的顆粒被過濾出。

8. 過濾後的牛奶仍盡量保持低溫狀態，此可確保牛奶不至於產生嚴重的異味及變成綠色或褐色。

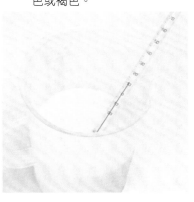

9. 油脂溫度約達40℃，備用。

10. 將牛奶少量分批的倒入油中進行攪拌，直到乳化濃稠。

①

②

③

④

※補充說明

1. 若使用市售鮮乳，應於前一天先將其冷凍。

2. 大塊的冷凍牛奶不易溶解，因此添加氫氧化鈉時，仍須緩慢少量多次添加。

3. 如果添加氫氧化鈉過快，雖然溶解速度也會加快，但容易發生灼傷牛奶及產生氨味的情形。

（誤1.）此圖即是添加過多氫氧化鈉所產生灼傷牛奶現象（焦黃色）。

（誤2.）原本白色的牛奶會產生焦黃色，氨味也會較重，做出來的牛奶皂成品通常顏色也較深（淡褐色）。如果是母乳則會因乳醣含量較多，顏色會比牛奶更深。

（誤3.）與鹼過度作用的牛奶，也較容易產生一些黃色顆粒，這些都必須被過濾去除，否則會殘留在牛奶皂裡。

手工皂切塊法（簡易鋼線刀）

1. 先將覆蓋土司模的保鮮膜去除。

①

②

2. 將矽膠模前後左右剝開。

①

②

③

④

3. 將土司模倒扣、下壓，即可取出皂體。

①

②

4. 先丈量整條土司模的長度。

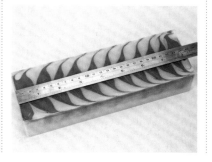

5. 次丈量及調整切皂器，以取得預定切割的距離。

※一般矽膠土司模的長度為25cm，如果分成五等份，即一等份為5cm。

6. 將渲染皂體放在切割枱上。

7. 以簡易鋼線刀對齊,垂直切下。

8. 即可切出一大塊(但高度尚未均分)。

9. 依序切割成五等份。

10. 每一等份丈量其高度(示範為5.4cm),則必須進行對切成兩等份(每一等份高度為2.7cm)。

11. 調整好預定切割的長度,依序將每等份對切。

12. 即得十塊渲染皂。

▼切開的同一組皂體,可見其對稱的花紋。

手工皂切塊法（推切式切皂器）

1. 先丈量整條土司模的長度，次丈量及調整切皂器，以取得預定切割的距離。

※一般矽膠土司模的長度為25cm，如果分成五等份，即一等份為5cm。

2. 利用推切式切皂器將渲染皂體切割為五等份。

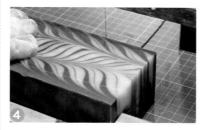

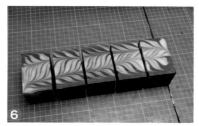

3. 每一等份丈量其高度（本示範為5.4cm），則必須進行對切成兩等份（每一等份高度為2.7cm）。

4. 依序將每等份對切，即得十塊渲染皂。

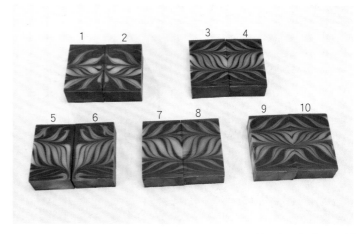

修皂器使用方法

一般晾皂結束後即可進行修皂：

1. 將皂體不平整的面，在修皂器的刨刀上來回的進行刨除，即可得到一平整的表面。

2. 如果要修邊，也可將皂體的邊緣放置在修皂器的修邊溝槽內，直接將小直角修成小平面。

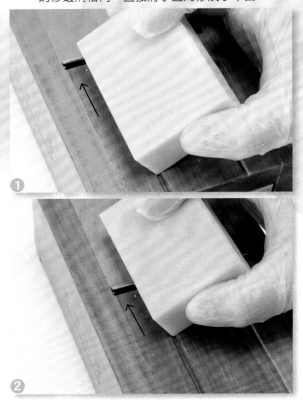

3. 修過的皂已無稜角，感覺較平滑整齊。

手工皂修飾技巧

若手工皂發生表面有缺陷（例如：凹凸不平、白粉殘留、切割痕跡）時，可利用家中的乾淨毛巾當道具。

1. 將毛巾沾濕後擰乾，並鋪平於桌面。

2. 把手工皂不平整的面平貼於濕毛巾上，來回的擦拭。

3. 如此可使不平整的皂表面變得很光滑，之後再稍加晾乾即可。

舉一反三：

A. 修飾前

A. 修飾後

B. 修飾前

B. 修飾後

蓋皂章

一般蓋皂章的最好時機是在切皂後，晾皂約一週的時間即可準備蓋皂章。（以下示範a、b、c、d四款，作法皆相同）

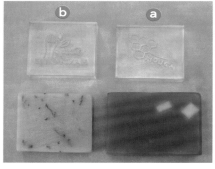

b

a

1. 為皂體選好自己喜好的皂章，將皂章平整的置放在皂體上。

2. 用左右手的大拇指施加壓力於皂章上，此時皂章即可順利鑲崁進皂體中。

3. 再將皂章輕緩的從皂體中拔出即可。

4. 蓋好皂章的作品。

※若皂章從皂體拔出時，發現皂體會黏住皂章，使得圖形或紋路模糊，表示皂體仍然太軟，並不適合蓋皂章。一般牛奶皂或母乳皂因為較黏稠，也不適合蓋皂章。

※若皂章從皂體拔出時，發現皂體的圖形或紋路產生裂痕，表示皂體已經太硬了，並不適合蓋皂章。

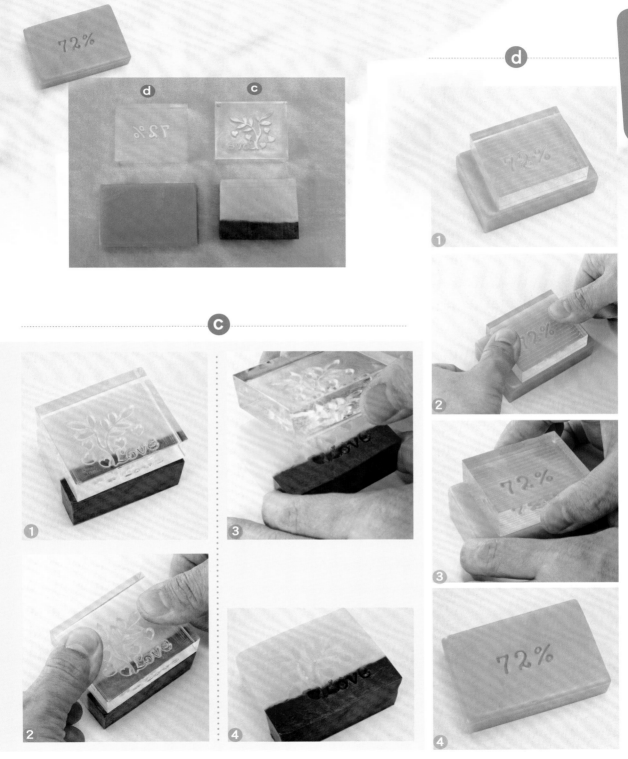

手工皂的包裝

A.包膜法

1. 先將15cm寬的pvc膜拉開約12~14cm長度。

2. 切開pvc膜。

3. 可找一個罐子當墊底,將肥皂放在其上,用pvc膜覆蓋上去後下壓拉緊。

4. 翻轉至肥皂背面,將pvc膜依序為前後左右往中間集中拉緊。

5. 貼上膠帶固定。

6. 即完成包膜。

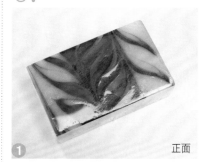

正面

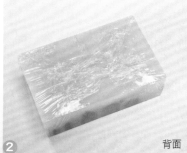

背面

B.套袋法

1. 準備適當大小之透明OPP袋。

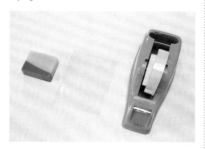

3. 用剪刀減去多餘的透明袋後，收邊。

4. 用膠帶黏貼固定，即完成。

2. 將手工皂直接套進後，把透明袋左右底角收邊，並用膠帶黏貼。

※包膜或套袋是手工皂的第一層保護，可防止因多次觸摸或沾灰塵、蟑螂啃咬等形成的汙損。若您要當成禮物贈送他人，不妨將作品放入漂亮的包裝禮盒內，可提昇作品的價值喔！

包裝禮盒介紹 (摘自民聖出版"禮物商品包裝盒"一書)

方形包裝盒

三立面包裝盒

小南瓜包裝盒

浪漫小屋包裝盒

天地覆蓋包裝盒

天地覆蓋包裝盒

手提袋

圓柱式包裝盒

※包裝盒可購買現成的〔請洽詢02-27864876〕，也可以自己DIY量身製作。本書P.116、P.117附贈兩款包裝盒平面紙型，供讀者參考。

白玉皂 造型模使用法

White jade

造型模入模訣竅 HANDMADE SOAP

1. 準備好造型模。

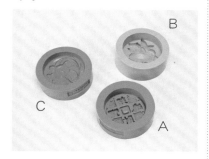

2. 利用軟毛牙刷沾些皂液，並塗刷於造型模內側。

❶

❷

❸

3. 將皂液倒入造型模內至全滿，並輕敲使其氣泡逸出。

❶

❷

❸

4. 完成入模，靜置皂化。

5. 脫模後成品。

A

B

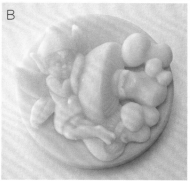

C

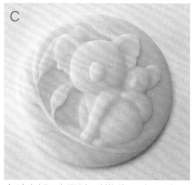

皂液倒入矽膠造型模後，容易失溫而產生白色粉狀的皂體。建議倒入模型前，可將皂液的溫度稍微提昇至45℃~55℃，才倒入模型內；並做好保麗龍箱的保溫動作，那麼每顆手工皂都會很漂亮喔！

附保麗龍盒之造型模

將皂液倒入造型模內至全滿，蓋上保麗龍蓋即可。

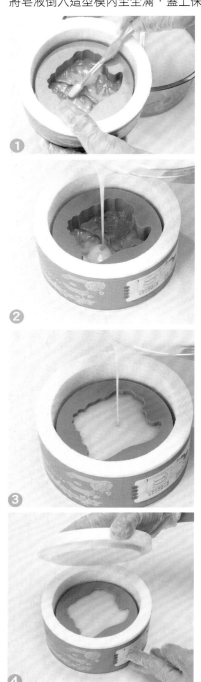

※更多造型模，請進入「香草工房」：
H www.soapmaker.com.tw 查詢。

作品欣賞

宛如白玉的純色作品，就像浮雕般引人注目。

剩餘的調色皂液千萬別丟！隨意混搭，也能配出意想不到的效果。
以「企鵝家族造型模」為例：

1. 先倒紫色皂液在右邊企鵝模內鋪底。

2. 再倒白色皂液在左邊企鵝模內鋪底。部份滲過中間小企鵝的頭部。

3. 中間小企鵝身體倒黃色皂液。

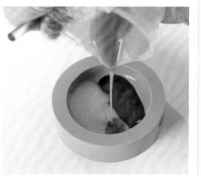

4. 再隨意補些紫色在第二層。

5. 最上層將白色補滿。

6. 靜置待乾。

7. 脫模。

8. 完成作品也很nice喔！

HANDMADE SOAP

《第二章・拉花渲染》

吉光片羽（黑白渲染）

Feathers

吉光片羽

準備材料：
・竹碳粉5g
・精油20ml
・已打好的1kg皂液
・500ml量杯

1. 將精油加入皂液中拌勻。

2. 先倒出至少500g白色皂液。

3. 剩餘（約500g）的白色基底皂液，加入竹炭粉拌勻。

4. 將黑色皂液倒入矽膠吐司模內做為基底。

直線倒法

5. 將500g白色皂液，以直線方式緩慢來回倒入。

※初期要確保皂液沉入底層，必須將杯子拉高，並讓皂液如同溫度計般寬度的流量沉降至底層才正確，如果一開始即看到白色皂液浮現，表示並未沉降至底層，只分布在表面而已。

6. 待皂液底層、中層均有白色皂液分佈時，即可將杯子降低，讓皂液能分布在上層。

3

7. 皂液倒完，形成如圖。

 弓字型劃法

8. 將玻璃棒在頭端插到底，由左至右來回的往下劃。

1 **2**

3

9. 直到底端為止。

10. 玻璃棒沿框框往上劃到頂。

11. 之後往左移2cm，再往下劃到底（可直線劃法也可稍具S型劃法）。

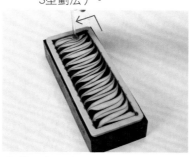

12. 玻璃棒往左邊移2cm，再往上劃到頂。

PART 3 拉花渲染

13. 最後再沿左邊框框往下劃即可。

14. 完成作品，並靜置皂化。

15. 脫模後切成方塊，即成美麗的手工皂。

秘訣：如果以白色的皂液做為渲染的顏色時就要注意囉！白色容易被其他的顏色(例如：黑、紅、藍…等)吃掉，所以用於渲染的白色皂液一定要用到總皂液的1/2量喔！

Handmade Soap **33**

深海水草

（綠底黑紋渲染）

深海水草

1. 將隔板依序架好，使呈現三條溝槽。

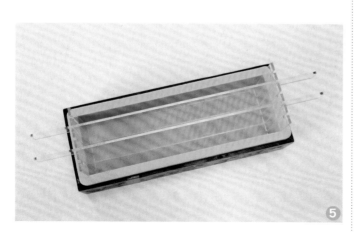

Waterplants

2. 將泥狀的澳洲大堡礁深海泥加入少許水，調成液體狀。

3. 將精油加入已打好之皂液中並拌勻。

4. 先倒出約350g白色皂液。

5. 加入竹炭粉拌勻，調成黑
色。

①

②

③

6. 剩餘的650g白色基底皂液，
加入液狀澳洲大堡礁深海
泥，拌勻調成綠色。

①

②

7. 加入少許的紅棕櫚果油，讓
綠色的皂液呈現亮麗的草綠
色。

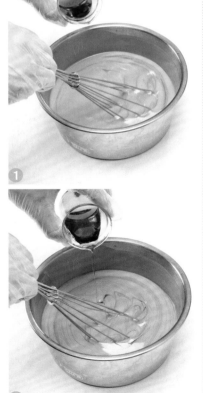

①

②

8. 一手壓住隔板頂端，將草綠
色皂液倒入矽膠吐司模內左
右兩邊的溝槽。

①

②

③

9. 黑色竹炭皂液則倒入中間的溝槽。

※為避免皂液滲透至隔壁的溝槽造成混色，應避免一開始就將皂液一次全倒滿整個溝槽，造成大量的滲漏。建議可先將每個溝槽先各自倒入少許的皂液，之後再分批補滿即可。

①

②

③

10. 皂液倒好後如圖。

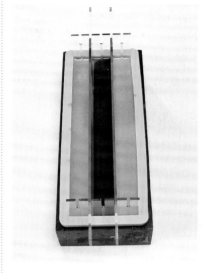

11. 依序將隔板抽出。

①

②

③

④

⑤

12. ● 左右弓字型劃法

將竹棒在頭端插到底，由左至右來回的往下劃，直到底端。

13. ● 上下弓字型劃法

①②③：竹棒從右下角沿框框往上劃到頂，之後往左移1cm，再往下劃到底（可直線劃法也可稍具S型劃法）。

❶

❹

❷

❺

❶

❸

❻

❷

❸

④⑤：竹棒往左邊移1cm，再往上劃到頂，再沿左邊移1cm，往下劃到底。

④

⑤

⑥⑦：重複相同動作，依序劃到左邊。

⑥

⑦

⑧⑨：最後竹棒沿框框往上劃到頂，即完成渲染劃。

⑧

⑨

14. 完成作品，並靜置皂化。

※黑白渲染與綠底黑紋渲染作品比較：左右或上下弓字型劃法時，間隔距離越接近，線條即越細。

15. 脫模後切成方塊，即成美麗的手工皂。

Red and black

紅與黑

（紅黑雙色渲染）

紅與黑

準備材料：
- 竹炭粉5g
- 法國粉紅礦泥粉5g
- 已打好之皂液約1000g

1. 將竹炭粉、法國粉紅礦泥粉各自加入已含精油之皂液（約250g），並調勻備用。

2. 將500g白色基底皂液，倒入矽膠吐司模型內。

直線倒法

3. 先倒250g竹炭皂液（靠左側）。

4. 再倒入250g法國礦泥粉皂液
（靠右側）。

❶

❷

❸

左右弓字型劃法

5. 將玻棒在矽膠吐司模左上角
插到底，由左至右，再由右
至左來回的往下劃，直到底
端。

❶

❷

❸

❹

6. 此時如果結束（抽出玻棒，
靜置），待皂液凝固後即形
成「紅心與黑心夾雜」的圖
形。

7. 也可繼續做上下弓字型劃
法～

①②：玻棒從右下角開始，沿框框
往上劃到頂。

❶

⑤⑥：玻棒往左邊移2cm，再往上劃到頂。

❷

③④：玻棒往左移2cm，再往下劃到底（可直線劃法也可稍具S型劃法）。

❺

❸

❻

⑦⑧：最後玻棒再沿左邊框往下劃到底，即完成渲染劃。

❽

8. 完成作品，並靜置皂化。

❹

❼

9. 脫模後切成方塊，即成美麗的手工皂。

（層疊渲染）

Colored glaze gold

琉金年華

準備材料：
- 紅麴粉3g
- 琉璃金珠光粉3g
- 已打好之皂液約1000g

1. 將紅麴粉、琉璃金珠光粉各加入已含精油之皂液（約250g），並調勻備用。

2. 先將500g白色基底皂液倒入矽膠吐司模內。

直線倒法

3. 先倒入250g紅麴粉皂液。

❶

❷

❸

❹

4. 次倒入250g琉璃金珠光粉皂液，讓其與紅麴粉皂液做層疊。

❶

❷

❸

④

②

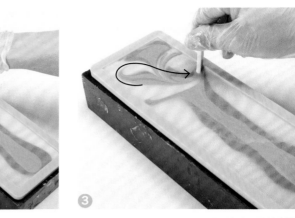

③

5. 皂液倒完後，形成如圖。

④

左右α型劃法

6. 將塑膠棒在右上角插到底，由右至左做α型來回的往下劃，直到底端。

①

7. 完成作品，並靜置皂化。

8. 脫模後切成方塊，即成美麗的手工皂。

HANDMADE SOAP

藍色羽毛

（斜線交叉劃法）

藍色羽毛

準備材料：
- 海水藍珠光粉5g
- 已打好之皂液約1000g

1. 將海水藍珠光粉加入已含精油之皂液（約350g），並調勻備用。

2. 將650g白色基底皂液倒入矽膠吐司模內。

直線倒法

3. 將350g藍色皂液，以直線方式緩慢來回倒入。

❶

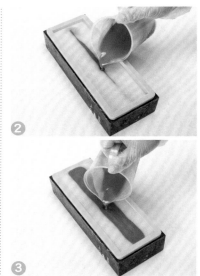

❷

❸

4. 皂液倒完後，形成如圖。

斜線劃法

5. 將玻璃棒在頭端插到底，以45度角「由上往下」來回的劃斜線，直到底端形成藍色斜線。

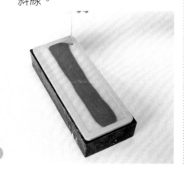

❶

❷

❸

❹

⑤

⑥

6. 第一階段劃好後，形成如圖。

7. 次將玻璃棒在底端插到底，以45度角「由下往上」來回的劃斜線（與原本的線條交錯劃），直到頂端。

①

②

③

④

⑤

8. 完成作品，並靜置皂化。

9. 脫模後切成方塊，即成美麗的手工皂。

紅心西瓜

紅心西瓜

(分層皂)

Watermelon

紅心西瓜

準備材料：

將隔板依序在第二及第三溝槽架好使呈現2：1：3比例的三條溝槽，並準備好澳洲大堡礁深海泥5g、法國粉紅礦泥5g、藍莓籽少許（藍莓籽可用小紫蘇籽或杏桃核仁籽顆粒取代）、已打好之皂液約1200g。

1. 將泥狀的澳洲大堡礁深海泥加入少許水，調成液體狀後，加入400g的皂液並調勻，可加入少量紅棕櫚果油，將綠色調成較為鮮豔的草綠色。

2. 將約600g已調成粉紅色之皂液加入藍莓籽。

3. 調製完成的600g粉紅色礦泥之皂液：200g白色皂液：400g草綠色深海泥皂液。比例為3：1：2。

4. 將400g草綠色深海泥皂液，倒入矽膠吐司模內最右邊的溝槽。

※小訣竅：倒入皂液時請先小量皂液倒入即可，不要一次倒入，若一次將皂液全部倒入，會因壓力關係而滲漏至隔壁的溝槽，造成混色。

5. 白色皂液則倒入中間的溝槽，請先小量皂液倒入即可，不要一次倒入。

6. 粉紅色之皂液則倒入最左邊的溝槽，此時可一次倒入。

7. 依序將白色皂液倒滿。

8. 依序將草綠色深海泥皂液倒滿。

9. 完成分層皂的分色,注意三色高度是否平整。

10. 依序將隔板小心抽出。

❶

❷

❸

❹

11. 完成作品,並靜置皂化。

12. 脫模後切成方塊,即成美麗的西瓜手工皂。

The pumpkin party

配方參考：
- 氫氧化鈉100g
- 水250g
- 油脂類
- 30％橄欖油210g
- 40％紅棕櫚果油280g
- 15％椰子油105g
- 10％玫瑰果油70g
- 5％乳油木果脂35g
- 玫瑰果粉5g
- 精油
- 玫瑰天竺葵10ml
- 薰衣草5ml
- 甜橙5ml

HANDMADE SOAP

南瓜派對

（分層加渲染皂）

南瓜派對

1. 將含紅棕櫚果油的皂液（約 1000g）打好備用。

2. 準備好玫瑰果粉少許，並如圖斜向架好隔板。

3. 先倒出500g的皂液加入玫瑰果粉，並調成咖啡色。

4. 剩下500g橘黃色皂液，倒入矽膠吐司模內右邊的溝槽。

5. 再將500g咖啡色皂液，倒入矽膠吐司模內左邊的溝槽。

6. 完成左右兩邊的皂液，檢查高度需平整。

7. 依序將隔板抽出。

❶

❷

❸

❹

8. 完成梯形分層皂。

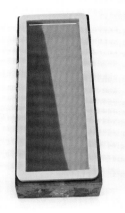

9. 將玻棒插到底，依m方式由底端往上劃到頂。

①

②

③

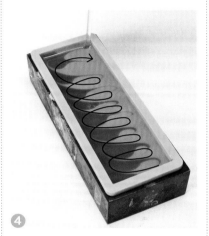
④

10. 最後沿右邊框緣往下劃即完成。

①

②

11. 作品完成，並靜置皂化。

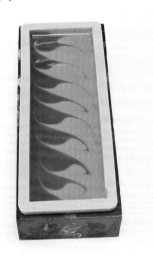

12. 脫模後切成方塊，即成美麗的手工皂。

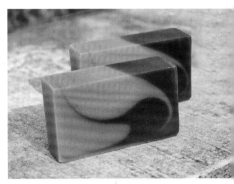

Bright moonlight heart

（白底紫心皂）

明月心

（紫底白心皂）

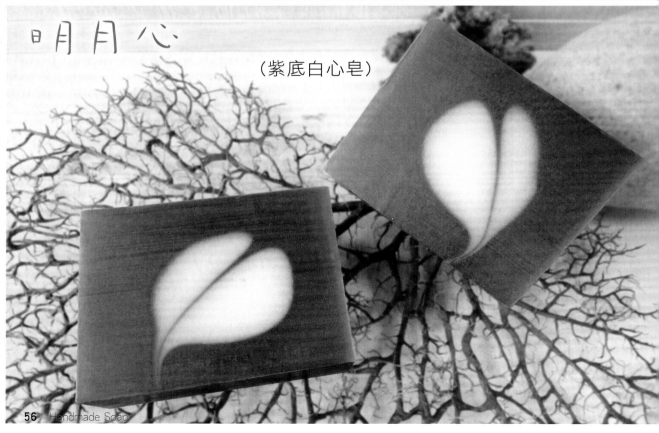

心形渲染（紫底白心）

1. 準備兩鍋打好的皂液，一鍋為白色皂液250g；一鍋為紫色皂液（紫草根浸泡油）750g。

2. 先倒出250g白色皂液。

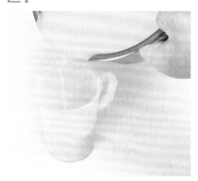

3. 將750g紫色皂液倒入矽膠土司模做為基底。

定點式倒法

4. 定點不移動的倒入白色皂液，至呈現適當的圓形。
※可藉由拉高或拉低方式，讓皂液沉入基底皂液裡。

5. 同方式依序倒出第二個圓形。

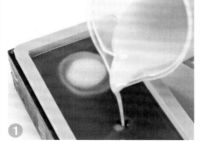

6. 依序倒出第三個圓形。

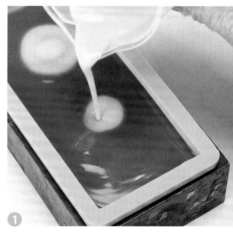

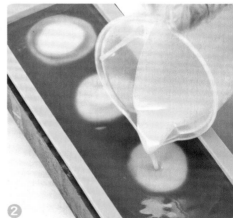

7. 形成如三個月亮的圖案。

S型劃法

8. 將玻璃棒在矽膠土司模頭端插到底，由右至左做S型的往圓形中間劃過，直到底端。

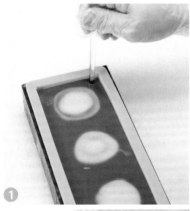

①

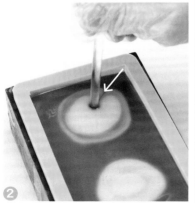

②

③

④

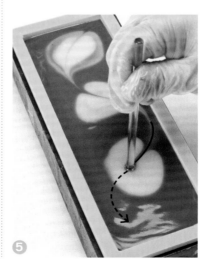

⑤

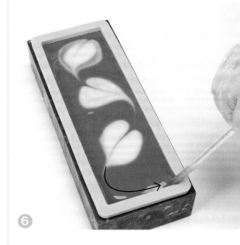

⑥

9. 作品完成，並靜置皂化。

10. 脫模後切成方塊，即成美麗的手工皂。

心形渲染（白底紫心）

準備已打好的皂液：一份為800g白色皂液，一份為200g紫色皂液（紫草根浸泡油）。

1. 將800g白色皂液倒入矽膠土司模做為基底（可預留約50g皂液）。

定點式倒法

2. 定點不移動的倒入紫色皂液，至呈現適當的圓形即可。

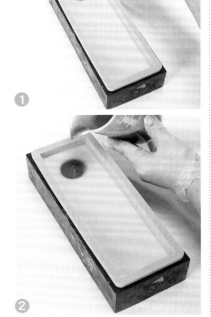

❶

❷

3. 依序倒出四個圓。
※可藉由拉高或拉低方式，讓皂液沉入基底皂液裡。

❶

❷

❸

4. 示範倒出一個雙色圓。
定點不移動的倒入白色皂液至第一個紫色圓形的中心點，即可形成雙色圓。

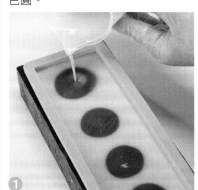

❶

❷

❸

S型劃法

5. 將玻璃棒在吐司模頭端插到底,由左至右做S型的往圓形中間劃過,直到底端。

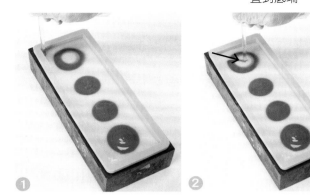

①

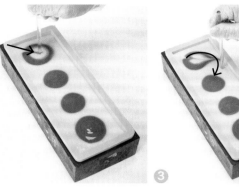

②

③

④

⑤

⑥

⑦

6. 作品完成,並靜置皂化。

7. 脫模後切成方塊,即成美麗的手工皂。

PART 3

HANDMADE SOAP

橘子紅了

配方參考：

· 氫氧化鈉105g、牛奶280g

· 油脂類

　40%初榨橄欖油300g

　30%棕櫚油225g

　20%椰子油150g

　10%乳油木果脂75g

　澳洲大堡礁深海泥適量

　法國粉紅礦泥粉2g

　紅棕櫚果油20ml

· 精油：甜橙精油8ml、

　葡萄柚精油8ml、依蘭精油4ml

Tangerine

1. 準備大小不一的水管模，不規則的排於矽膠土司模內。

2. 準備一鍋打好之皂液。

3. 加入精油拌勻。

4. 準備約200ml皂液做為調色之用。

5. 先倒出100ml的皂液。

6. 準備澳洲大堡礁深海泥適量（已加少量水調勻）、約2g法國粉紅礦泥粉、約20ml的紅棕櫚果油。

7. 將法國粉紅礦泥粉加入100ml皂液，並攪拌均勻。

8. 次倒出100ml的皂液。

9. 倒入適量的紅棕櫚果油調色。

10. 底色皂液加入少許澳洲大堡礁深海泥調色，拌勻。

11. 先將皂液倒入已排好水管模的吐司模內（約五分之一高度）。

12. 將紅色皂液倒入隨意選擇的水管模中。

13. 將黃色皂液倒入隨意選擇的水管模中。

14. 將白色皂液倒入隨意選擇的水管模中。

15. 將底色皂液緩慢倒入吐司模內（水管模外），為避免皂液的壓力將水管模移動，可稍微扶住固定。

16. 完成皂液灌模。

17. 將水管模一一抽出。

18. 完成抽管動作，形成如圖大小不等的圓。

19. 將吐司模封膜。

20. 放入保麗龍箱，靜置保溫24~36小時，之後脫模切塊即可。

※心得分享：本次做為底色之皂液原本是要調成淺綠色，但因為澳洲大堡礁深海泥添加量太少，以至於其中白色水管模的皂液與原本要呈現淡綠色的底色太接近，沒有呈現明顯的綠色與白色差異是美中不足的地方。以作者本次經驗建議，牛奶皂在調色時，礦泥（粉）的添加量要多一些，才能顯現出明顯的色差。

粉柔玫瑰

（上下分層皂）

粉柔玫瑰

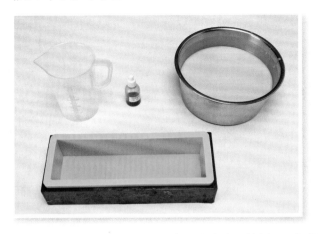

配方參考：
- 氫氧化鈉100g
- 牛奶280g
- 油脂類
  72%初榨橄欖油540g
  18%棕櫚油135g
  10%椰子油75g
- 紅色皂用染料
- 粉柔玫瑰香精10ml、快樂鼠尾草精油5ml、玫瑰天竺葵精油5ml

先準備一長條土司模、500ml量杯、紅色皂用染料、已打好的一公斤皂液。

1. 先倒出400ml的皂液，並加入皂用染料調成粉紅色。

2. 將粉紅色皂液倒入土司模中。

※做為底層之皂液一般要比上層的皂液濃稠些，通常可利用電動攪拌器攪拌，以加速濃稠，但缺點是皂液含有的氣泡會比較多。另外一種做法是，可在底層的皂液中加入適當比例的香精（溫和且加速皂化），例如葡萄柚百合香精、粉柔玫瑰香精等，但切記某些反應較激烈的香精則盡量不要添加，例如茉莉、白麝香等。至於哪些香精會很快加速皂化，哪些不會太快，可於選購時詢問商家。

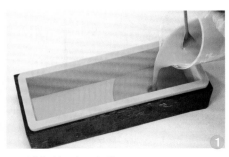
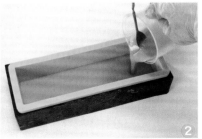

3. 待底層皂液稍微凝固時，即可準備將白色皂液倒入土司模中。倒入皂液時，可用橡皮刮刀擋住皂液下衝的力量，此動作可讓分層皂較為平整。

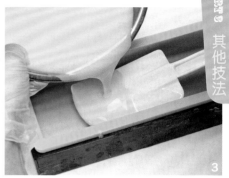

4. 完成作品，並靜置皂化。

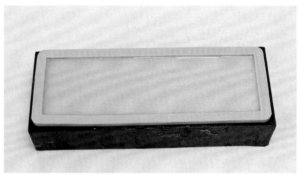

5. 脫模後切成方塊，即成美麗的手工皂。

哈妮寶貝

（受損肌膚皂）

Honey

哈妮寶貝

配方參考：
- 氫氧化鈉105g
- 牛奶280g
- 油脂類
  胡蘿蔔浸泡油75g
  未精製小麥胚芽油75g
  橄欖油150g
  紅棕櫚果油225g
  椰子油150g
  乳油木果脂75g
- 精油：甜橙10ml、萊姆5ml、
  葡萄柚5ml
- 純蜂蜜20ml(食品)
☆純蜂蜜為食用級可增加皂的保濕度

準備精油20ml及蜂蜜20ml、已打好之皂液約1135g。

1. 將蜂蜜20ml加入皂液中。

2. 將精油20ml加入皂液中。

3. 將皂液調均勻。

❶

❷

4. 將皂液入模。

❶

5. 作品完成，並靜置皂化。

❷

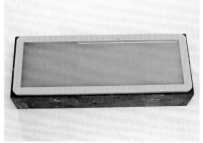

6. 脫模後切成方塊（可蓋上皂章），即成美麗的手工皂。

配方參考：

- 氫氧化鈉100g
- 牛奶280g
- 油脂類
- 初榨橄欖油75g
- 紅棕櫚果油375g
- 棕櫚核仁油150g
- 酪梨油50g
- 澳洲堅果油75g
- 堪地里拉蠟25g
- 精油：廣藿香2ml、紅柑3ml、
  快樂鼠尾草6ml、薰衣草9ml

HANDMADE SOAP

陽光棕櫚 *Sunlight palm*

陽光棕櫚

※配方中有固體蠟類（例如天然蜜蠟、堪地里拉蠟）時，通常可先將蠟類與耐熱的油脂（例如棕櫚油、椰子油等）一起加熱，避免高溫造成不飽和脂肪酸程度高的油脂（例如橄欖油、甜杏仁油、葡萄籽油、葵花油等）氧化速度增加。

※由於有蠟類存在，油脂溫度必須提高至55℃~60℃才不至於恢復成膠質狀，增加操作困難。

1. 將堪地里拉蠟與棕櫚核仁油一起加熱溶解。

2. 將未加熱的油（初榨橄欖油、紅棕櫚果油、酪梨油、澳洲堅果油）與加熱溶解的油準備好。

3. 將兩者混合在一起。

4. 與鹼水混合攪拌至濃稠狀，並加入精油，調勻後的皂液如圖。

5. 將皂液倒入矽膠吐司模型內。

6. 作品完成，並靜置皂化。

7. 脫模後切成方塊，即成美麗的手工皂。

柔順烏絲

洗髮皂（隨意渲染）

Hair

柔順烏絲

配方參考：
- 氫氧化鈉106g
- 牛奶280g
- 山茶花油150g
- 米糠油75g
- 芝麻油75g
- 椰子油300g
- 荷荷芭油75g
- 棕櫚油75g
- 苦茶粉及迷迭香粉各約10g
- 迷迭香精油5ml、檸檬尤加利5ml、
  檸檬香茅5ml、雪松5ml

準備苦茶粉及迷迭香粉各約10g、已打好之皂液約1000g。

1. 將苦茶粉及迷迭香粉加入
500ml量杯中，倒入已含精油
之皂液約400g並調勻。

2. 將600g白色基底皂液入模。

隨意倒法

3. 將400g含粉皂液以隨意方式
來回倒入。

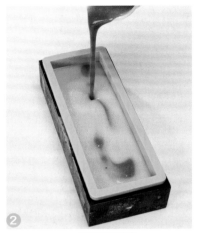

❷

❸

隨意劃法

4. 將玻璃棒插到底，以隨意方式劃開，劃至滿意為止。

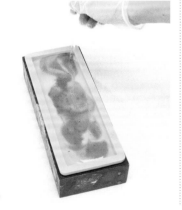

❶

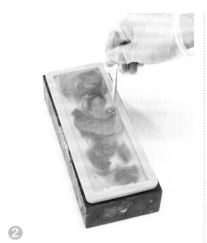

❷

❸

❹

❺

5. 作品完成，並靜置皂化。

6. 脫模後切成方塊，即成美麗的手工皂。

Olive tree

HANDMADE SOAP

橄欖樹 （洗臉皂）

橄欖樹

配方參考：
- 氫氧化鈉97g
- 牛奶280g
- 油脂類
- 橄欖油150g
- 酪梨油150g
- 葡萄籽油75g
- 榛果油75g
- 乳油木果脂75g
- 棕櫚核仁油75g
- 棕櫚油150g
- 澳洲大堡礁深海泥10g及加拿大冰河泥10g
- 精油A：藏茴香5ml、薰衣草3ml、迷迭香2ml
- 精油B：薰衣草5ml、依蘭依蘭3ml、花梨木2ml

先準備澳洲大堡礁深海泥約10g、加拿大冰河泥約10g。
※澳洲大堡礁深海泥及加拿大冰河泥均為泥狀，建議先加入少許水調成液體狀後，才能與皂液混合均勻。如果未經水稍做稀釋，而直接以濃稠的礦泥型態加入皂液，是很難溶解的。

1. 加入少許水將其稀釋，調勻成液體狀。

2. 將已調好精油之皂液倒入澳洲大堡礁深海泥中，並攪拌均勻。

3. 將已調好精油之皂液倒入加拿大冰河泥中，並攪拌均勻。

③

4. 調勻的皂液，呈現不同的草綠色。

5. 分別將皂液倒入500ml的土司模中。

①

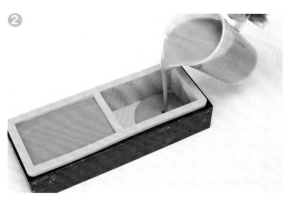

②

③

6. 作品完成，並靜置皂化。

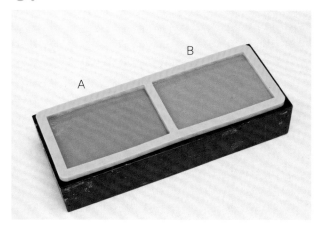

A   B

7. 脫模後切成方塊，即成美麗的手工皂。

HANDMADE SOAP *Milk soap*

水乳交融

（半水半乳分層渲染皂）

水乳交融

配方參考：
- 氫氧化鈉100g
- 水140g
- 鮮乳140g
- 橄欖油600g
- 乳油木果脂200g
- 法國粉紅礦泥5g、紅棕櫚果油20ml、青黛粉5g
- 精油：玫瑰草12ml、花梨木6ml、肉桂葉2ml

準備水140g、氫氧化鈉100g、鮮乳140g。

1. 將氫氧化鈉倒入水中拌勻後，隔水降溫。
※調製液鹼時，注意要在通風良好的地方並戴口罩。

2. 準備粉紅礦泥、紅棕櫚果油、青黛粉。

3. 將液鹼緩慢的倒入油中拌勻。

4. 次將鮮乳緩慢的倒入油中拌勻。

5. 皂液攪拌至適當濃稠度。

6. 將50g皂液倒入法國粉紅礦泥粉中，預混後再加入150g皂液。

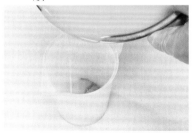

7. 將50g皂液倒入青黛粉中，預混後再加入150g皂液。

8. 將400g皂液倒入預先準備的500ml量杯中。

9. 將紅棕櫚果油20ml倒入400g皂液中，再調勻。

10. 隔板依序在第一、第二溝槽及第四、第五溝槽架好，使呈現1：1：2：1：1比例的五條溝槽。

另準備好調製完成的200g粉紅色之皂液、400g紅棕櫚果油皂液、200g青黛粉皂液、400g白色皂液。

11. 依序將白色皂液，倒入矽膠吐司模內最右邊的溝槽。

12. 青黛粉皂液則倒入第二溝槽。

13. 紅棕櫚果油皂液倒入第三溝槽。

14. 粉紅色之皂液則倒入第四溝槽。

15. 白色皂液倒入矽膠吐司模內最左邊的溝槽。

※小訣竅：倒入皂液時請先小量分次補滿即可，不要一次倒入。若一次將皂液全部倒入，將因為壓力關係容易滲漏至隔壁的溝槽，造成混色。

16. 依序將各色皂液補滿各溝槽。

❶

❷

❸

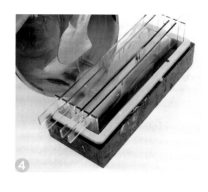

17. 依序抽出隔板。

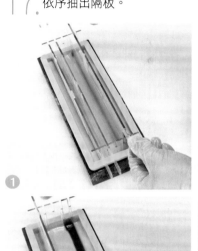

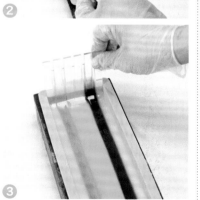

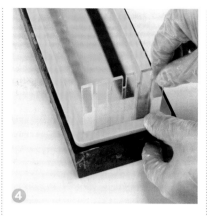

18. 完成分層皂，如圖已有明顯的顏色層次。

19. 先做左右弓字型劃法。

❺

❷

21. 完成作品，並靜置皂化。

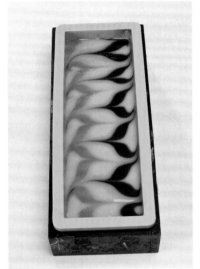

❸

❻

20. 再沿邊框以逆時針方向劃一
圈。

❹

22. 脫模後切成方塊，即成美麗
的手工皂。

Sushi

HANDMADE SOAP

捲捲壽司

（甘油皂基變化皂）

捲捲壽司

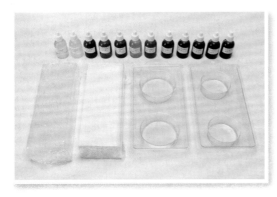

準備材料：
· 透明皂基一條
· 白色皂基一條
· 圓形塑膠模
· 皂用染料（視需要選購顏色）

1. 先將適量的透明及白色皂基切丁，並分別裝在玻璃杯內。

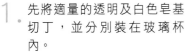

2. 隔水加熱溶解皂基。

3. 先將白色皂基倒入吐司模內，待其冷卻。

4. 另外準備200g白色皂基，並加入竹炭粉一小匙拌勻。

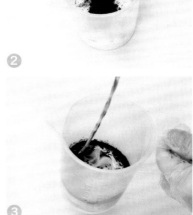

5. 若皂基表面有氣泡，只要稍噴一些95%藥用酒精即可消泡。

6. 確定白色皂基表面已經凝固，即可將黑色竹炭皂基倒入，覆蓋原本的白色皂基。

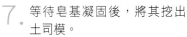

7. 等待皂基凝固後，將其挖出土司模。

8. 再如捲壽司般捲成圈圈造型。

9. 以刀子剖面切成三等份備用。

10. 另行準備300g已加熱熔化之透明皂基，加入精油拌勻，待其溫度下降至約55℃。
※溫度太高會將固體皂基熔化。

11. 將已降溫之透明皂基的表面剝開，倒入少許皂液進入塑膠模內。

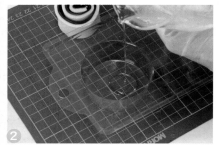

12. 將圈圈造型皂放入塑膠模穴中。

13. 繼續將透明皂液灌滿塑膠模穴。

14. 噴一些95%藥用酒精可將表面氣泡消除。

15. 待其冷卻即可準備脫模。

16. 將塑膠模倒扣，以大拇指按壓皂體，使之與塑膠模剝離。

17. 脫模完成。

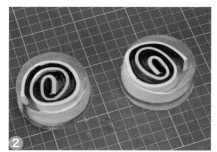

18. 可愛的作品完成嘍！

玫瑰情緣

（甘油皂基變化皂）

Loves rose

玫瑰情緣

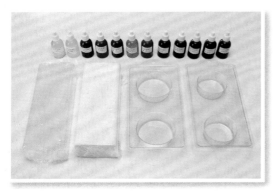

準備材料：
- 透明皂基
- 白色皂基
- 皂用染料
- 精油

1. 準備適量的白色皂基，加熱熔化後再加入紅色皂用染料，拌勻。

2. 將紅色皂基在乾淨的桌面上，依序倒出一片一片的圓形薄片。

※倒圓片時可由小至大，因為花瓣也是由小至大組合。

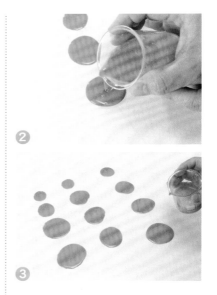

3. 用刀子將已凝固之圓形皂片刮離開桌面。

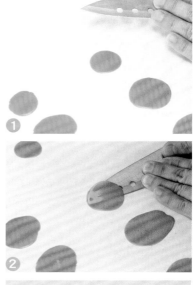

4. 先取最小之皂片，利用大拇指、食指、中指壓成半弧形，塑成皂花瓣。

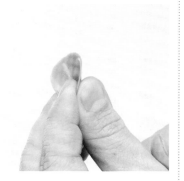

5. 將半弧形的皂花瓣上緣約略扳開，使其呈綻放的姿態。

7. 將塑好的第一片的皂花瓣沾一些透明皂液後，與第二片皂花瓣相對黏貼在一起，等待5秒左右即黏住。

8. 再塑形第三片花瓣，並錯開組合。

6. 再取稍比第一片略大之皂片，同樣方式再壓成半弧形皂花瓣，並將皂花瓣上緣扳開。

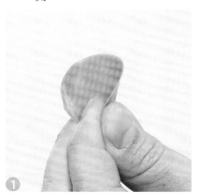

9. 依上述相同程序組合，直到拼湊出一朵盛開的玫瑰花。

10. 另行準備300g已加熱熔化之透明皂基，將已降溫至52℃之透明皂基的表面已凝固之皂剝開。

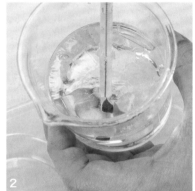

11. 先倒入少許皂液進入塑膠模內。

12. 將玫瑰花皂放入塑膠模穴中。

13. 再將透明皂液注入，灌滿塑膠模穴。

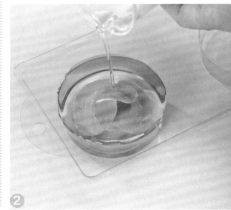

14. 噴一些95%藥用酒精消泡，
待其冷卻後即可脫模。

3

18. 修底。

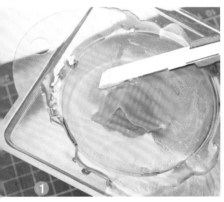

1

16. 脫模。

15. 以美工刀將突出的部分修
平。

1

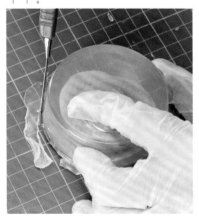

2

17. 修邊。

2

19. 完成作品。

《第四章·舉一反三》

　　看了達人老師的示範及實際操作練習，您是否功力也跟著大增呢？這個篇章專門給進階班的讀者，當您已具備做皂基本功力後，參考材料配方（做皂量約為1公斤），也可以發揮創意，做出自己的獨特作品喔！

凝脂乳香皂

鹼	氫氧化鈉100g 冷凍鮮奶280ml
油脂	甜杏仁油300g 乳油木果脂190g 硬棕櫚油150g 椰子油75g 堪地里拉蠟35g
精油	薰衣草10ml、依蘭依蘭10ml

竹炭渲染乳香皂

鹼	氫氧化鈉100g 冷凍鮮奶300ml
油脂	橄欖油280g 軟棕櫚油210g 椰子油140g 乳油木果脂70g
添加物	竹碳粉5g
精油	檸檬10ml、歐薄荷10ml

家事清潔皂

鹼	氫氧化鈉130g 冷水400g
油脂	椰子油700g
精油	茶樹10ml、 檸檬尤加利10ml

酪梨寶貝皂

鹼	氫氧化鈉 95g 冷水 230g
油脂	未精製酪梨油200g 冷壓初榨橄欖油100g 精製軟棕櫚油150g 精製棕櫚核仁油150g 未精製乳油木果脂100g
精油	玫瑰天竺葵5ml、 甜橙10ml、 薰衣草5ml

冰火相容乳香皂

鹼	氫氧化鈉105g 冷凍牛奶280ml
油脂	甜杏仁油300g 椰子油150g 棕櫚油100g 乳油木果脂200g
添加物	加拿大冰河泥8g、 法國粉紅礦泥粉8g
精油	依蘭依蘭10ml、 花梨木5ml、 玫瑰天竺葵5ml

洋甘菊分層皂

鹼	氫氧化鈉100g 冷水250g
油脂	橄欖油200g 米糠油200g 軟棕櫚油150g 精製棕櫚核仁油150g 精製乳油木果脂50g
添加物	洋甘菊花蕊5g
超脂	紅棕櫚果油25g(底層)
精油	甜橙10ml、香茅5ml、 檸檬尤加利5ml

鹼	氫氧化鈉100g 純水250g
油脂	橄欖油300g 軟棕櫚油200g 椰子油150g 乳油木果脂50g 甜杏仁油50g
添加物	珠光粉琉璃金3g、 珠光粉粉紫紅3g、 青黛粉3g
精油	檸檬5ml、 玫瑰草10ml、 花梨木5ml

鹼	氫氧化鈉100g 純水250g
油脂	橄欖油300g 軟棕櫚油200g 椰子油150g 乳油木果脂50g 甜杏仁油50g
添加物	珠光粉琉璃金3g、 珠光粉紫紅3g、 珠光粉蘋果綠3g、 青黛粉3g
精油	檸檬5ml、 玫瑰草10ml、 花梨木5ml

黃昏之戀分層皂

鹼	氫氧化鈉100g 冷水250g
油脂	澳洲胡桃油200g 蘆薈油(浸泡油)100g 精製棕櫚油200g 精製棕櫚核仁油150g 有機乳油木果脂100g
添加物	紅麴粉5g
精油	薰衣草5ml、 玫瑰天竺葵5ml、 依蘭依蘭5ml、 歐薄荷5ml

天空之城分層皂

鹼	氫氧化鈉105g 冷水250g
油脂	甜杏仁油200g 開心果油150g 精製棕櫚油250g 精製椰子油100g 精製乳油木果脂50g
添加物	澳洲大堡礁深海泥8g 水8g(將深海泥調成水狀之用) 紅棕櫚果油5ml(將混合深海泥之皂液調成草綠色之用)
精油	欖香脂2ml、迷迭香5ml、葡萄柚5ml、佛手柑8ml

仙女下凡渲染皂

鹼	氫氧化鈉105g
	冷凍牛奶280ml

油脂	開心果油250g
	榛果油100g
	椰子油150g
	棕櫚油150 g
	乳油木果脂100g

添加物	洋甘菊粉5g

精油	薰衣草5ml、
	茶樹5ml、
	佛手柑5ml、
	廣藿香5ml

鹼	氫氧化鈉105g
	冷凍牛奶280ml

油脂	杏桃仁油250g
	橄欖油100g
	椰子油100g
	棕櫚油200g
	乳油木果脂100g

添加物	紅麴粉10g

精油	甜橙10ml、
	苦橙葉8ml、
	薄荷2ml

編織美夢渲染皂

綠色棕櫚樹渲染皂

鹼	氫氧化鈉100g 冷水250g
油脂	橄欖油200g 米糠油150g 精製軟棕櫚油150g 精製棕櫚核仁油150g 未精製乳油木果脂100g
添加物	澳洲大堡礁深海泥8g
精油	山雞椒10ml、 香茅5ml、甜橙5ml

復刻時光銀白渲染乳香皂

鹼	氫氧化鈉100g 冷凍牛乳300g
油脂	苦茶油140g 軟棕櫚油140g 椰子油140g 米糠油140g 黃可可脂70g 未精製小麥胚芽油70g
添加物	銀白珠光粉10g
精油	迷迭香5ml、 快樂鼠尾草5ml、 薑精油5ml、 馬鞭草5ml

黃田青禾皂

鹼	氫氧化鈉100g
	冷水250g

油脂	橄欖油150g
	甜杏仁油200g
	紅棕櫚果油75g
	軟棕櫚油125g
	精製棕櫚核仁油150g
	精製乳油木果脂50g

添加物	澳洲大堡礁深海泥8g

精油	甜橙10ml、
	薰衣草5ml、
	玫瑰草5ml

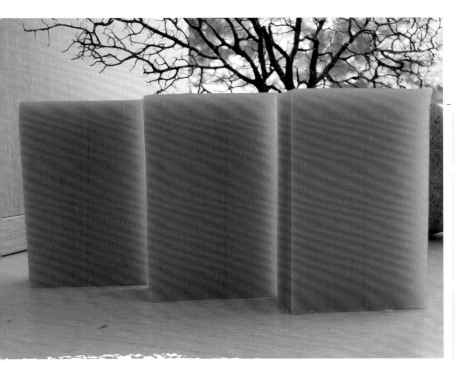

甜蜜橙橘皂

鹼	氫氧化鈉100g
	冷水250g

油脂	甜杏仁油200g
	蘆薈油100g
	精製紅棕櫚果油250g
	精製棕櫚核仁油150g
	精製乳油木果脂50g

精油	橘子10ml、
	萊姆5ml、
	葡萄柚5ml

紅石泥渲染皂

鹼	氫氧化鈉100g 冷凍牛奶280ml
油脂	橄欖油250g 米糠油100g 椰子油150g 硬棕櫚油100 g 雪白乳化油100g
添加物	澳洲珊瑚紅石泥適量
精油	迷迭香5ml、 馬鬱蘭8ml、 薰衣草7ml

包裝禮盒DIY

(摘自民聖出版 "禮物商品包裝盒" 一書)

挑選合適的漂亮厚包裝紙,依平面展開圖裁剪及折疊,即可成立體狀盒子,放入手工皂作品後,可加上緞帶繫綁或裝飾,就是很棒的禮物嘍!

把手式包裝盒

平面展開圖見P.117

雙疊式包裝盒

平面展開圖見P.116

本書所使用之材料工具，可購自各手工皂教室、化工行或至下列手工皂工房洽詢。

香草工房(總公司)台中市豐原區三豐路566巷209號 電話:04-25206219

線上購物網 http://www.soapmaker.com.tw service@soapmaker.com.tw

台北香草：台北市南港區東新街60號 電話：02-27864876

桃園香草：桃園市大業路一段93號 電話：03-3390926

新竹香草：新竹市西門街214號 電話：03-5233159

苗栗香草：苗栗市文山里祥發街25號 電話：037-370001

台南香草：台南市永康區富強路一段29號 電話：06-2734375

高雄香草：高雄市三民區松江街31號 電話：07-3135258

台東香草：台東市更生路489號 電話：089-310027

花蓮香草：花蓮縣花蓮市富國路5號2樓 電話0925-486706

《概念與資訊》

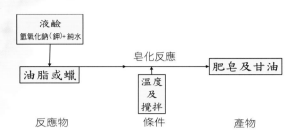

PART 5

☆簡介

　近幾十年來環保意識抬頭，傳統手工肥皂的製法又重新被人們接受，要瞭解傳統手製皂，首先應該知道它是由何種物質所組成的。肥皂的主要成分其實很單純，鹼、水、油脂是構成肥皂的三大成分，也就是反應物，經過溫度與攪拌的條件，再皂化成產物(肥皂及甘油)。

☆手工香皂的製作方法

「冷製法」：是常使用的製皂法，以氫氧化鈉、水混合油脂所製成的皂，液鹼和油脂混合的溫度控制在40℃，製成的皂通常需放置一個月以上（但純橄欖皂或含苦茶油、蓖麻油比例較高的手工皂，它們的熟成期較長，可能要二至三個月），等鹼度下降及多餘水分自然脫去，成熟後才能使用。

「熱製法」：是快速做皂的方法，做法與冷製法類似，不過溫度必須提高並維持一段熱煮過程，藉此加快皂化反應，由於皂化速度較冷製法快，不用經過漫長的晾皂過程，因此省去熟成等待的時間。

手工皂的配方計算

　　1.先決定總油量：製作大約一公斤的肥皂時，可先預估會用到700公克的油脂。

　　2.分配每種油脂的比例：例如有橄欖油、棕櫚油及椰子油三種油脂時，可依個人喜好或參考油脂特性去分配每種油脂的百分比。

　　3.計算皂化價並算出總鹼量：將每一種油的用量(g)乘以其本身的皂化價後，再做加總。

　　4.計算水量：將鹼量乘以2~3倍，即可得水量。水量的調整視添加物的種類、用量、油脂種類而稍加變動。(椰子油的硬度值較高，100％椰子油的家事皂容易產生裂痕，水量提高至三倍可改善此狀況)

　　5.決定添加物的種類：決定裝飾皂體的添加物為粉類或花瓣或其他可改善洗感的物質。

　　6.決定精油的種類及用量：使用前先瞭解精油的用法及禁忌後再決定用量，一般用量為總皂量的1~3％。

配方設計如下：

例如預定製作大約一公斤的肥皂時，可先預估會用到700公克的油脂。

分配為：

50％橄欖油350克（橄欖油皂化價0.134）

30％棕櫚油210克（棕櫚油皂化價0.141）

20％椰子油140克（椰子油皂化價0.19）

所需的氫氧化鈉重量是350× 0.134 ＋210 × 0.141 ＋140 × 0.19 = 103.11

所以皂化700公克的油脂(橄欖油、棕櫚油、椰子油之總和)所需要的鹼量(氫氧化鈉)重量為103克。

水量＝鹼量×2.5倍

103×2.5＝257ml

※冷凍牛奶量 = 鹼量×2.8~3倍

※水量一般為鹼量的2~3倍，用量可以INS值做區分，INS值越高水量應調高，INS值越低水量應調低。

皂化價：是指皂化 1 公克的油脂所需要的鹼量，製作手工皂之前，必須先查清楚所用配方中各種油脂的皂化價，才能準確算出需要使用多少份量的氫氧化鈉。

超脂（superfatting）：多加入一定百分比的油脂，使成品較為滋潤的方式，一般方式分為「減鹼」及「加油脂」兩種。「減鹼」是在計算配方時，先扣除5%的鹼量，使皂化後仍有少許油脂未與鹼作用而留下。「加油脂」是以正常比例製作，直到皂液攪拌至濃稠狀後再加入5%的特殊油脂，這種方法可將你選用的特殊油脂本身的特質和功效保留在皂裡，達到你想要的效果。計算方式為：氫氧化鈉的總重量 × 0.05 ÷ 特殊油脂的皂化價。

果凍效應：皂液入模後，還持續皂化反應，皂液的溫度升高，模型中的皂會從中心形成透明的大圈圈，慢慢擴散到外圍。整塊皂看起來像是果凍一樣，這是皂化的自然現象，在幫入模的皂做了保溫的動作（放在保麗龍箱或木箱中），特別容易形成果凍期。發生果凍效應的皂比沒有發生效應的皂細緻，但顏色會較深，有時還會形成皂本身的色差，但隨著時間會消失。

INS值：各種油脂的「INS值」是以【皂化值－碘價】計算出來的。碘價愈低的油脂（如椰子油、可可脂、棕櫚核仁油等），INS值愈高。各種油脂的INS值影響成品的軟硬度，如果配方中的軟性油比例較高、INS值低，做出來的皂就軟趴趴的。理想的硬度在120～160左右，但不是絕對的，皂的軟硬度還有部分是取決於水量的多寡，在設計皂的配方前，可先計算INS值是否理想再開始。以下面配方為例（總油500克）：

> 橄欖油（INS值109）250克
> 棕櫚油（INS值145）150克
> 椰子油（INS值258）100克
> 做出來的成品INS值是－
> （250÷500）× 109 ＋（150÷500）× 145 ＋（100÷500）× 258 ＝ 149.6
> 表示做出來的皂有理想的INS值。

☆做皂材料介紹

一.氫氧化鈉

氫氧化鈉（SODIUM HYDROXIDE），又稱燒鹼、苛性鈉。是一種白色不透明片狀、粒狀的無味物質，能使酚酞指示劑變紅，對鋁金屬有極強的腐蝕性，因此不能以鋁製容器盛裝。一般在1 g 氫氧化鈉可溶於0.9 ml的 20℃水中及 0.3 ml 沸水中，但切記不可與溫水或熱水混合溶解，因為氫氧化鈉所釋放的能量會使溫水或熱水快速達到沸點，讓液相轉成氣相，如同沸騰的熱水產生蒸氣一樣，導致操作時容易產生危險。固體氫氧化鈉可從空氣中迅速吸收二氧化碳及水，最終氫氧化鈉會分解成碳酸鈉及水，因此必須將其放置在密閉的容器中。

用途：
氫氧化鈉是製造固體肥皂的重要原料，也是化學實驗室的必備藥品之一，將氫氧化鈉稀釋成低濃度的液鹼可以做為家用洗滌液。
對生物皮膚組織的作用機制：
皮膚中的角質在氫氧化鈉 pH值大於 9.2 時會迅速分解，頭髮或指甲中含硫胺基酸的硫鍵會迅速被氫

氧化鈉分解。無論液態或固態氫氧化鈉均是一種強烈的皮膚刺激物，短暫性接觸會導致皮膚二級或三級灼傷。氫氧化鈉和皮膚接觸時會導致立即的傷害，尤其對眼睛傷害性極大，眼睛接觸到氫氧化鈉時要在 10 秒內用水清洗患部，並持續至少15 分鐘之久，以防止眼睛造成永久性的傷害，並同時立刻就醫。皮膚接觸到氫氧化鈉時，要立刻用水清洗患部以避免腐蝕性化學灼傷。

預防措施：

在氫氧化鈉煙霧或微粒存在下，需保持適當的通風狀況；可用安全護目鏡來保護眼睛，戴上口罩做為臉部防護，在眼睛及皮膚可能接觸到氫氧化鈉的區域，必須有洗眼及安全淋浴設備。

在作業中若不慎被大量氫氧化鈉污染時，應小心謹慎移除被污染衣服，依化學刺激物濃度、劑量及暴露時間，用大量水清洗暴露之皮膚至少15 分鐘以上。

二.水

水是氫原子與氧原子的化合物，在常溫常壓下為無色無味的透明液體。它的組成很簡單，但卻是生命不可或缺的要素，水溫度降到4℃時，會開始膨脹，到0℃時形成固體狀態的冰。水可以溶解很多種物質，是很好的無機溶劑，用水做溶劑的溶液，即稱為水溶液。

硬水：硬水含有較多鈣、鎂等礦物質；例如：泉水、溪水、河水屬暫時硬水，部份地下水屬硬水。將硬水軟化為軟水，可以提高水使用的安全性。硬水軟化的方法有煮沸、蒸餾等，工業上也有用藥劑軟化。

軟水：軟水中含有的可溶性鈣、鎂等化合物較少。乾淨的雨水和雪水屬軟水。蒸餾水為人工加工而成之軟水。軟水可使肥皂水起較多泡沫，所以用較少的肥皂就能達到清潔效果。

水垢：由於肥皂或清潔劑分子帶有一個鈉離子，但遇到硬水中的鈣鎂離子時，會拋棄本身的鈉離子而與鈣鎂離子結合，造成新的分子沒有清潔作用，轉而累積變成水垢，因此需要更多的肥皂或清潔劑才能達到清潔效果。所以製造手工皂的水或沐浴的水最好是礦物質含量少的軟水比較好，用軟水沐浴或洗髮也較為舒暢。

三.油脂類

一般食用油類不外乎來自動物或植物，動物油脂有牛油、豬油、綿羊油、馬油、貂油、鴕鳥油等，而植物油脂則有椰子油、棕櫚油、橄欖油、葵花油、芥花油、葡萄籽油、苦茶油、乳油木果脂等，這類的油脂多以三酸甘油酯的形態存在，三酸甘油酯的構造像英文字母的E，整個化學結構是一分子甘油(glycerol)與三分子脂肪酸(fatty acids)化合。通常油脂的特性取決於所含的脂肪酸。

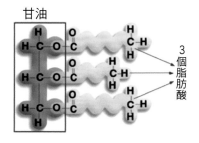

甘油

3個脂肪酸

※常用油脂的特性及皂化價等資訊，請查閱下列附表表格。

四.其他添加物

少量的精油或粉類（添加功效及調色用）。

※請查閱P.108資訊。

★附表 常用油脂介紹

名 稱	特 性	建議比例	NaOH 皂化價	KOH 皂化價	硬度值 INS
Coconut Oil 椰子油	主要成分為月桂酸及肉荳蔻酸等脂肪酸，洗淨力強，能做出較硬且泡沫多的香皂；太多則會使皮膚乾澀，建議＜20%。高比例的椰子油皂很適合做清潔力高的洗衣皂。	5%~100%	0.19	0.266	258
Palm Kernel Oil 棕櫚核仁油	類似椰子油，但對肌膚較溫和、較具保濕性，可相互代替使用，洗淨力強，能做出較硬且泡沫多的香皂；太多則會使皮膚乾澀，建議＜20%。	10%~100%	0.156	0.2184	227
Palm Oil 棕櫚油	溶點很高(27度至55度)，含40%的棕櫚酸及高量的油酸，能製作溫和、堅硬又不易溶化變形的香皂，具有溫和的保濕力，但泡沫少。	10%~100%	0.141	0.1974	145
Red Palm Oil 紅棕櫚果油	含豐富天然的葫蘿蔔素和維生素E，有助於修復傷口或粗糙肌膚，可用於受損膚質、面皰或及油性肌膚。完成的皂呈現漂亮的亮橙色，但會隨著時間或溫度加高而變淡。由於被分離出硬脂酸成分，因此INS值較棕櫚油低。	10%～100%。	0.141	0.1974	110
Almond Oil (sweet) 甜杏仁油	維生素A、B、E群及礦物質含量多，油酸比例高，具豐富的保濕力，有軟化皮膚的功能；做成肥皂會產生乳液般細緻的泡沫，但皂容易溶化、變形，須適當調入抗溶化的油脂。適合做成高品質的洗臉皂。用量可在10~100%。	10%~100%	0.136	0.1904	97
Apricot Kernel Oil 杏桃核仁油	維生素及礦物質含量多，輕爽、使用感非常好，保濕效果強，有軟化皮膚的功能；做成肥皂會產生乳液般細緻又耐用的泡沫。	10%~100%	0.135	0.189	91

Olive Oil 橄欖油	含有保濕、保護及治癒皮膚的功能；Vit E及油酸含量非常多，洗完後肌膚會變得光滑柔嫩，但起泡力不佳，皂容易溶化、變形。	10%~100%	0.134	0.1876	109
Rice Bran Oil 米糠油	米的胚芽萃取，因此含有抗氧化效果的維生素E及保濕效果的固醇、角鯊烯等。做成皂起泡佳、帶點微透明感、清爽的使用感。用量可依個人喜好調配20%以上，很適合做成液體皂。	10%~30%	0.128	0.1792	70
Jojoba Oil 荷荷芭油	成分類似皮膚的油脂，可修復皮膚，復活皮膚細胞；保濕效果好，屬於液體蠟的一種，能形成一層不妨礙皮膚呼吸的優質保濕膜，油質安定不易氧化，建議用量在10%以內。	5%~10%	0.069	0.0966	11
Grapeseed Oil 葡萄籽油	容易滲透皮膚，清爽的使用感常用來做為按摩油，在不皂化物中的多酚有抗氧化作用，做成肥皂後的洗感不乾澀，容易氧化，必須注意使用的份量，建議用量在10%。	10%~20%	0.1265	0.1771	66
Avocado Oil 精製酪梨油	含豐富維他命A、B群、D、E，有軟化及改善皮膚的功能，保濕效果高；做成皂易溶化、變形，但能產生適當的泡沫，對皮膚非常溫和，最適合嬰兒及乾燥、過敏性皮膚的人使用。	10%~40%	0.133	0.1862	99
Avocado Oil Unrefined 未精製酪梨油	油脂顏色為深綠色，具有藥草般獨特的味道，能做出淡綠色的皂，但隨著時間綠色會變淡。油脂特性同精製酪梨油。	10%~40%	0.133	0.1862	90
Oiltea Camellia Oil 茶籽油、苦茶油	油酸比例高，其成份近似橄欖油，但比橄欖油更耐用又安定，起泡性比橄欖油好，做成洗髮皂能使頭髮清爽、柔順有彈性。	10%~100%	0.1362	0.1907	108
Vegetable Shortening 植物性白油	以大豆等植物油精煉呈固體奶油狀。可製造出很厚實且硬度高的肥皂，溫和、起泡性佳。	10%~30%	0.136	0.1904	115
Cocoa Butter 可可脂（食品級）	含高量硬脂酸及油酸，可讓手工皂較硬、不易溶化變形，對皮膚很滋潤，使肌膚柔軟，但起泡力不是很好。	10%~20%	0.137	0.1918	157
Bee Wax 蜜蠟	溶點很高（65℃左右）。在製皂時，若使用高比例不易凝固的油，或增加硬度，可使用蠟。會在皮膚上殘留一層黏黏的薄膜觸感。	3%~6%	0.069	0.0966	84

Candelilla Wax 堪地里拉蠟（燈心草蠟）	得自生長於墨西哥、美國德州等乾燥地區之燈心草屬植物莖，精製而成的純植物蠟，常用在天然有機之唇膏，能使肥皂不易溶於水並保持皂的Q度，即使洗至薄薄的一層也不易斷裂。建議用量在5%左右。	3%~6%	0.038	0.0532	32
Hazelnut Oil 榛果油	礦物質含量多，保濕力強，有助於皮膚再生，防止老化效果佳，一般用量20%即可，若使用100%榛果油，能做出洗感與香味俱佳的洗臉皂、泡沫細緻綿密。	10%~100%	0.1356	0.1898	94
Macadamia Nut Oil 澳洲堅果油（昆士蘭果油或夏威夷果油）	成分類似皮膚的油脂，滲透性、保濕效果好，有修復皮膚、防止皺紋等功效，適合成熟型肌膚按摩使用，主要成分是油酸和棕櫚油酸，適合做高級洗臉皂或受損髮質洗髮皂。	10%~100%	0.139	0.1946	119
Sesame Oil 芝麻油	有獨特的味道。製成肥皂洗感清爽，適合油性皮膚、面皰膚質等，起泡力不錯，但抗溶化性不佳，也適合做為頭皮出油多的洗髮皂。	10%~50%	0.133	0.1862	81
Sunflower Seed Oil 向日葵籽油（葵花油）	皂化價與橄欖油差不多，保濕力強，可相互代替使用，屬於軟性油脂，成皂易氧化，必須注意保存期限。建議用量10%。	10%~20%	0.134	0.187	63
Wheat Germ Oil 小麥胚芽油	含豐富維生素E，對乾癬及溼疹等問題皮膚極適合，可修復受損皮膚。含50%以上易氧化的亞油酸，製作肥皂時建議用量在10%以內。	5%~20%	0.131	0.1834	58
Shea Butter 乳油木果脂（雪亞脂、非洲果核油）	在非洲地區很受珍視，塗抹能保護皮膚不受陽光的曝曬，具優良的保濕效果，有緩和及軟化皮膚功能，適合嬰兒及過敏性皮膚的人；溶點高(23~45℃)，加入總油量10%在肥皂中，會變成硬又不易溶化變形的肥皂。	5%~50%	0.128	0.1792	116
Neem Oil苦棟油	具有印棟素的成份，能有效抵抗微生物活性同時具有殺蟲效果，對抗黴菌引起之皮膚病(香港腳)有不錯效果。		0.1387	0.1942	124

精油介紹

羅勒 BASIL

清甜，略帶香辛味。
精神的補強劑，可使感覺敏銳精神集中，振奮沮喪的情緒。
緊實、更新清爽肌膚功效，也可控制粉刺的產生。
※懷孕期間避免使用，對敏感肌膚可能有刺激性。

安息香 BENZEOIN

香草般的香甜味中帶有一絲絲藥草味。
安撫神經系統，紓解壓力。
調理龜裂乾燥皮膚，恢復彈性，對創傷、割傷、止癢效果奇佳。
能溫暖血液循環系統，減輕疼痛及關節炎。

佛手柑 BERGAMOT

輕淡、纖巧、清新，有些類似橙和檸檬，又帶點花香。
能安撫焦慮、沮喪、神經緊張；對油性皮膚產生的狀況(脂漏性皮膚炎、青春痘)有改善效果。
※具光敏性，使用後避免曝曬於強烈的日光下。

雪松 CEDARWOOD

濃濃的木質香，有點像檀香的味道。
神經緊張和焦慮可藉雪松的安撫效果獲得鎮定，也有助於沉思冥想。
其收斂、抗菌的特性最有利於油性膚質，也能改善面皰和粉刺皮膚。是絕佳的護髮劑，常用於頭皮的皮脂漏、頭皮屑和禿髮調理。

肉桂 CINNAMON

帶香料味，並有甜甜的香味。給人溫暖的感覺。
適合冬天虛寒體質的按摩油添加。也是非常強勁的抗菌劑，可減輕感冒症狀、昆蟲叮咬的痛楚。
※懷孕期間避免使用，敏感肌膚也可能有刺激性。劑量過高時可能導致反胃。

香茅 CITRONELLA

香甜，帶薑汁味。
可淨化並提振情緒，能紓解抑鬱的心情。
它最有用的特性是驅蟲、消除異味，最適合在炎熱夏天用來噴灑及薰香，可用於寵物。可有效減輕頭痛症狀。

快樂鼠尾草 CLARY SAGE

藥草氣息，又帶點紅茶香，有些厚重的感覺。
神經緊張者能藉這種溫暖放鬆的精油得到紓解，可緩和女性的生理痛。
能促進細胞活力，有利於頭皮部位的毛髮生長，改善油膩的頭髮及頭皮屑。
※懷孕期間避免使用。

丁香 CLOVE

強勁、香料味、有穿透力。
為心靈帶來正面影響，有助於振奮嗜睡和萎靡的精神。
可治傷口的感染，以及止痛。
可減輕牙痛和緊張性頭痛。有絕佳的殺菌效果，具有良好的驅蟲效果。
※孕婦及皮膚敏感者請小量使用。

絲柏 CYPRESS

木頭香、清澈而振奮。
安撫憤怒、鬱悶的情緒，淨化心靈。舒緩呼吸道之不適。對於環境驅蟲、除臭，有不錯的效果。
※懷孕期間避免使用。

欖香脂 ELEMI

氣味清香帶有檸檬葉及木頭混合的味道，可舒緩壓力，提振心情，對於呼吸道分泌物多引起之不適，有舒緩的作用。

尤加利 EUCALYPTUS

清新清涼略衝鼻，有穿透力。
對情緒有冷靜的效果，可使思緒清楚，集中注意力。
抗病毒的作用強，對呼吸道最有幫助，可淨化空氣、驅蟲、除臭，能緩解發炎現象。
※是一種作用強烈的精油，對於有心血管疾病者及嬰幼兒，在劑量方面要小心。

甜茴香 FENNEL SWEET

稍帶甜美香辛料味。
減輕鬱悶的情緒，可調理老化皺紋無彈性的肌膚。
※孕婦、癲癇患者避免使用，敏感肌膚也可能有刺激性。

玫瑰天竺葵 ROSE GERANIUM

甜而略重，有點像玫瑰的味道。
可平撫焦慮、沮喪、提振情緒，讓心理恢復平衡，紓解壓力。
適合各種皮膚狀況，因為它能平衡皮脂分泌而使皮膚飽滿，由於能促進循環，使用後讓蒼白的皮膚較為紅潤有活力。
※懷孕期間避免使用，敏感肌膚請小心使用。

薑 GINGER

香辛料，尖銳、溫暖香甜。
在感覺生活平淡、氣候寒冷時，具有溫暖感覺，使人心情愉快。適用於疲倦狀態，能激勵人心。
有助於消散淤血、減輕肌肉疼痛、活絡關節、促進血液循環及頭皮護理。
※敏感肌膚可能有刺激性。

葡萄柚 GRAPEFRUIT

香甜、清新的柑橘味。
有提振心靈效果，減輕壓力、穩定沮喪的情緒。減輕疼痛、經期及懷孕的不適感。
一般認為有消除水腫，調節皮膚彈性的作用。
對於淨化空氣(霉味)有不錯效果。

茉莉 JASMINE

甜甜的花香，充滿異國風情。
對嚴重的沮喪很有療效，可提升女性自信與自覺力。
可調理乾燥及敏感皮膚，增加皮膚的彈性，常用以淡化妊娠紋與疤痕。
※懷孕期間不可使用。

薰衣草 LAVENDER

香甜溫和的花香。
安定情緒，淨化安撫心靈，對驚慌和沮喪很有幫助，促進睡眠品質。
能促進細胞再生，可改善各類型的瑕疵肌膚。
※懷孕初期避免使用。

檸檬 LEMON

柑橘類的香氣，新鮮而強勁，像滿山檸檬果園的味道。可淨化室內空氣，提昇辦公室人員工作效率。
感覺炎熱煩躁時，可帶來清新的感受，幫助澄清思緒。
可使黯沈膚色明亮。
※具光敏性，使用後避免曝曬於日光下。也可能刺激敏感肌膚。

檸檬草 LEMONGRASS

強勁、微甜，帶著清新檸檬香味及幽雅的草味。
激勵、復甦、提振精神。
對肌肉有緊實效果，能幫助缺乏運動而鬆垮的肌膚；長時間站立後，能紓解疲憊的雙腿，有效驅蟲、除臭，寵物也可使用。

檸檬馬鞭草 LEMON VERBENA

氣味清爽宜人，帶有檸檬的味道，對於消化不良有紓緩的作用，可安定神經、減輕焦慮或因壓力引起之暈眩的症狀。
※具光敏性，使用後應避免日曬。

萊姆 LIME

萊姆外表與檸檬相似，氣味清香，甜中帶苦，可使人感覺頭腦清醒，提振心靈、淨化空氣。
對於青春痘、油性肌膚有收斂的效果。
※具光敏性，使用後應避免日曬。

山雞椒 LISTEA CUBEBA

甜甜的柑橘果香，又帶點薑汁的味道。
非常能振奮精神，可營造出一種陽光普照的精神感受。
緊實與收斂的特性，可在油性皮膚和油性髮質上發揮平衡的作用。預防面皰、抗油性肌膚的多油症、淡化黑雀斑、解除充血皮膚。

橘子 MANDARIN

氣味清香，甜中帶酸，可舒緩焦慮，提振心情，改善睡眠不足等引起之精神渙散，是一種很安全且受喜愛的精油，對於孕婦或小孩無使用的禁忌。常用於水腫、睡眠失調、壓力及過敏引起之氣喘症狀的紓緩。
※具光敏性，使用後避免日曬肌膚。

馬鬱蘭 MARJORAM

溫暖和具穿透力，稍帶香料味，並略有胡椒般的堅果味。

舒緩焦慮、壓力，是非常好的鎮靜劑。

對疼痛的肌肉特別有效，適合運動後的按摩油添加。

※懷孕期間避免使用，並請小劑量使用。

香蜂草 MELISSA

甜似檸檬，還帶點花香及草香味。

能安撫震驚、恐慌和歇斯底里情緒。

改善感冒症狀的頭痛。可有效驅蟲，並減輕蚊蟲叮咬的癢痛。

※懷孕期間避免使用，也可能刺激敏感皮膚。

沒藥 MYRRH

香味甜，帶獨特的藥草味。

能提振虛弱不振的精神，也能讓熾烈的情緒冷靜下來。

調理肌膚老化皺紋、除疤、抗皮膚炎，可減緩支氣管炎、感冒、喉嚨痛及咳嗽等不適。

※懷孕期間避免使用。

甜橙 ORANGE

清新香甜的果香。

如在陰鬱的思緒中灑下一片陽光，驅離緊張和壓力，鼓舞積極的態度，可使人恢復生氣。

可淨化室內空氣、改善心情或促進食慾等。

對於緊張狀態下的消化系統特別具安撫作用。

※使用後，避免曝曬於烈日下。

玫瑰草 PALMAROSA

甜甜的花香，略帶草味，並隱隱散發出玫瑰的氣息。

對情緒有安撫作用。

有調理皮膚皺紋、緊實肌膚、平衡皮脂分泌等作用。

廣藿香 PATCHOULI

強烈的泥土味道，加上甜甜的香料味，帶有異國風情。

帶給人實在而平衡的感覺，與其他類精油調配，具有畫龍點睛之妙。

幫助皮膚細胞再生，促進傷口結疤。還能紓解昆蟲咬傷的痛癢感。

薄荷 PEPPERMINT

強勁的穿透力，清涼醒腦。

可安撫憤怒，淨化空氣與恐懼的狀態，對疲憊的心靈和沮喪情緒有幫助。

可收縮微血管，紓解止癢。可減輕感冒症狀，減輕頭痛和牙痛。

※氣味強而有力，要小心劑量，三歲以下孩童、懷孕及哺乳期間切記不能使用。

回青橙（苦橙葉）PETITGRAIN

相當具持續力的香氣，交替發出木質香和花香，並在濃厚的橙味中帶有酥麻的苦味。

安撫憤怒與恐慌，情緒低落時能給人踏實感，使心情煥然一新。

調理油性膚質，改善皮膚的瑕疵，如粉刺、青春痘等。

它放鬆的特性，能緩解失眠與心跳加快的焦慮感。可淨化空氣、除臭，使身體保持清新有活力。

松 PINE

新鮮的森林芬多精氣息，並帶有典雅木香味。
有益於虛弱感、萎靡不振及疲憊的心靈，使精神煥然一新。
淨化空氣效果佳。威力十足的抗菌劑，有助於支氣管炎、喉炎和流行性感冒的紓解，並可驅逐跳蚤。它除臭和消毒的屬性在製造清潔用品時極有價值。

迷迭香 ROSEMARY

強烈、清澈，有穿透力，清新的藥草香，並有著樟腦木質味。
活化腦細胞，增強記憶力，改善緊張情緒，強化心靈。
對鬆垮的皮膚很有益處，是很強的收斂劑，有緊實效果，可減輕浮腫的現象。它刺激的功能，對頭皮失調特別有幫助，能改善頭皮屑並刺激毛髮生長。
具抗氧化作用，可延長保養品使用期限。
※懷孕期間避免使用。高劑量會升高血壓，不適合高血壓及癲癇患者。

花梨木 ROSEWOOD

甜甜的木質香，並帶有花香及淡淡的香料感。
可減輕情緒低落，使人振奮、精神煥發。
調理皮膚，對老化皺紋、敏感肌膚十分適合。
※心血管疾病者應小心使用。

荷蘭薄荷 SPEARMINT

近似薄荷的穿透力、清新，但稍微甜一些。
能激勵疲憊的心靈。抑制皮膚發癢。有助於消化不良、腸胃脹氣，能強化記憶、提神、減輕頭痛、減輕旅途暈車症狀。
※按摩時劑量必須很低，孕婦禁用，可能會刺激敏感肌膚。

紅柑 TANGERINE

氣味芳香清甜，使人心情愉快，對於消化不良、緊張、焦慮有舒緩的作用。
※具光敏性，使用後應避免日曬。

百里香 THYME

甜而濃烈的藥草香，並有消毒殺菌的味道。
能提高記憶力和注意力。提振低落的情緒及沮喪感。
對頭皮屑和落髮情形有改善效果。
可減輕浮腫、肌肉痠痛。
具有防腐抗氧化作用，可延長保養品的使用期限。
※高血壓及孕婦禁用。

茶樹 TEA TREE

新鮮、清新，略為刺鼻，很濃的木頭味。
使頭腦清新、恢復活力。
殺菌效果良好，具有淨化肌膚的效果，可減少頭皮屑的產生。
可使用於受傷所引起之化膿發炎或蚊蟲咬傷，及黴菌引起之香港腳，皆有不錯效果。

伊蘭伊蘭 YLANG YLANG

甜甜濃厚的花香，帶著異國風情的厚重感。
可放鬆心情，使人感到歡愉。
是一種多功能的精油，由於能平衡皮脂分泌，使新生的頭髮更有光澤。也可平衡荷爾蒙，調理生殖系統的問題。

粉類介紹

梔子花粉
特性說明：柔和舒緩、調理肌膚。
成皂顏色：淡的鵝黃色。

苦茶粉
特性說明：苦茶粉倒在頭上洗髮，可達烏亮、
　　　　　　柔軟、去頭皮屑之效。
成皂顏色：米黃色。

青黛粉
特性說明：天然的染料，具有抗菌、消炎作用。
成皂顏色：單獨添加：灰黑色。
　　　　　　與梔子水搭配可呈現漂亮的草綠色。

茜草粉
特性說明：紅色染料，可染布，並生成粉紅、
　　　　　　紅與紫各種色度，具活血祛瘀等功
　　　　　　效。
成皂顏色：黃褐色。

紫草粉
特性說明：肌膚修護、消炎、細胞及組織再生。
成皂顏色：粉類：深褐色。
　　　　　　浸泡油：添加於皂中會依比例不同
　　　　　　而呈現紫色、紫紅色、藍色、藍紫
　　　　　　色等，穩定性不高易退色。

綠豆粉
特性說明：良好的清熱解毒功效，對汗疹、粉
　　　　　　刺等各種皮膚問題效果極佳。
成皂顏色：米黃色及點狀分布。

乳香粉
特性說明：鬆弛老化皮膚的護膚聖品，平衡油
　　　　　　性膚質。對傷口、潰瘍、發炎均有
　　　　　　改善效果。
成皂顏色：灰色。

沒藥粉
特性說明：抑菌、消炎收斂的功能，能淨化肌
　　　　　　膚、防止皮膚衰老。
成皂顏色：深褐色。

艾草粉
特性說明：可驅除邪氣具有安神作用,可用於協
　　　　　　助緩和緊張, 舒緩壓力幫助睡眠。
成皂顏色：棕色。

迷迭香粉
特性說明：迷迭香可有效收斂皮膚、改善頭
　　　　　　皮屑和掉髮、皮膚腫脹和浮腫。
成皂顏色：棕色。

馬鞭草粉
特性說明：清潔阻塞、治療毛細孔過大的皮
　　　　　　膚，促進肌膚細胞中膠原蛋白的合
　　　　　　成。
成皂顏色：棕色。

薰衣草花粉

特性說明：改善失眠和消除壓力，調整皮脂、
消炎殺菌、改善痘痘效果。

成皂顏色：棕色及小點狀分布。

洋甘菊粉

特性說明：對皮膚有保濕效果，可使乾燥龜裂
肌膚恢復濕潤與彈性；可改善溼
疹、面皰、乾癬、敏感皮膚，對於
改善頭皮屑也有成效。

成皂顏色：米黃色。

甘草粉

特性說明：預防黑斑，雀斑等黑色素沉澱及殺
菌消炎功能及美白肌膚。

成皂顏色：棕色。

薄荷粉

特性說明：薄荷具有安撫低落情緒、振奮神
經、消炎止癢。

成皂顏色：棕色。

台灣左手香粉

特性說明：對皮膚有殺菌效果，泡澡可以美白
皮膚、消除疲勞、去除各種皮膚
癬。

成皂顏色：棕色。

無患子果實粉

特性說明：含有皂素，具有天然起泡力，為弱
鹼性，是不錯的清潔劑。

成皂顏色：棕色。

菠菜粉

特性說明：含大量的 β 胡蘿蔔素和鐵，也是維
生素B6、葉酸、鐵質和鉀質的極佳
來源。

成皂顏色：褐黃色。

薑黃粉

特性說明：有消炎、抗氧化及幫助傷口癒合，
紓解背痛、關節炎。

成皂顏色：黃色（但會退色）。

綠茶粉

特性說明：促皮脂膜強度增高，健美皮膚的功
效。

成皂顏色：淡棕色。

阿里山烏龍茶粉

特性說明：維他命C含量多，增加肌膚彈性。

成皂顏色：褐色。

紅麴粉

特性說明：擁有艷麗的色澤，增加肌膚保濕。

成皂顏色：漂亮的桃紅色（但會退色）。

魚腥草粉

特性說明：清熱解毒、鎮痛、止血、促進組織
再生等作用。

成皂顏色：米黃色。

何首烏粉

特性說明：促使頭髮黑色素的生成，頭髮調理
劑，使頭髮易於梳理，烏黑發亮。

成皂顏色：淡咖啡色。

芙蓉花粉

特性說明：具收斂、美白、增加肌膚彈性。
成皂顏色：褐色。

龍膽粉

特性說明：消炎、收斂效果。
成皂顏色：米黃色。

茉莉花粉

特性說明：具有排毒、祛痘、鎮靜、養顏的作用。
成皂顏色：淺棕色。

桂花粉

特性說明：美容及美白肌膚、排解皮膚毒素、幫助淨白。
成皂顏色：褐色。

玫瑰花粉

特性說明：保濕和抗發炎作用，可改善老化、乾燥肌膚。
成皂顏色：褐色。

橙花粉

特性說明：可幫助消除疤痕、對敏感性皮膚有調理、促進細胞再生、增加皮膚彈性。
成皂顏色：褐色。

茶樹粉

特性說明：能殺菌，並調理膚質，有效預防並治療粉刺及改善毛孔粗大現象。
成皂顏色：褐色。

廣藿香粉

特性說明：幫助皮膚細胞再生，促進傷口結疤，減輕發炎，改善粗糙的皮膚。
成皂顏色：褐色。

紫檀粉

特性說明：經常被用在殺菌、治療傷口還有抗痘的處方。有止血、止痛、敷刀傷之功效。
成皂顏色：深褐色。

紅檀粉

特性說明：抗菌消炎、鎮靜排毒、滋養老化肌膚。
成皂顏色：深褐色。

※以上資訊僅供參考，每人膚質各有不同，若使用後有不適症狀應立即停用，並請教專業的皮膚科醫生。

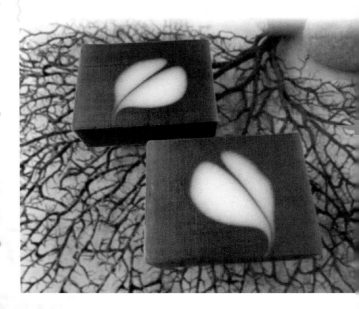

自製簡易包裝盒平面展開圖

雙疊式包裝盒

剪切線 ——
折疊線 ----

PS：請視需要放大使用

[摘自巧手100 禮物商品包裝盒 P.78]

把手式包裝盒

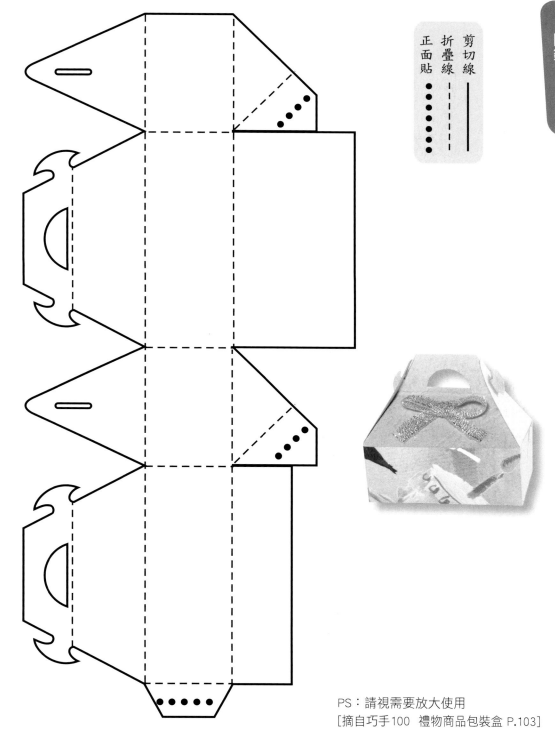

PS：請視需要放大使用

[摘自巧手100 禮物商品包裝盒 P.103]

民聖文化事業公司 DIY書目

DIY精緻集系列（彩色版）25K本
0804001起

1. 中國結藝－吉祥篇	林榮豐	NT$120
2. 中國結藝－動物篇	林榮豐	NT$120
3. 中國結藝－飾品篇	林榮豐	NT$120
4. 布‧不織布玩偶與可愛動物	陳美玲	NT$150
10. 最新幸運手環DIY A	陳夏珍	NT$120
11. 薪傳中國結(基礎一)	詹麗君‧廖淑華	NT$150
12. 初級中國結飾	廖淑華‧詹麗君	NT$150
13. 親子甜蜜點心	蔡善璽	NT$120
14. 實用拼布‧袋袋包包篇	陳美玲	NT$180
15. 紙製BABY娃娃DIY	李美華	NT$150
16. 布與環保DIY	楊棋茵	NT$150
17. 最新幸運手環DIY B	陳夏珍	NT$150
18. 祈福手環鉤編入門	陳郭寶桂	NT$150
19. 摺紙花藝妙包裝	廖玉雲	NT$180
20. 中國結分級審核範本(16K本)	邱麗華	NT$150
21. 幸運結藝速成篇	邱麗華	NT$180
22. 祈福轉運結編飾物	陳郭寶桂	NT$150
23. 串珠幸運飾品	楊棋茵	NT$180
24. 實用嬰幼兒服DIY	黃富枝	NT$180
25. 驚艷！結藝之花	林阿好	NT$150
26. 不織布娃娃服裝表演	李美華	NT$150
27. 串珠LUCKY方程式	王麗芳	NT$180
28. 串珠流行飾品	楊棋茵	NT$180
29. 卡片傳情	廖玉雲	NT$120
30. 愛的卡片DIY	廖玉雲	NT$120
31. 摺信紙‧見真情	廖秋蘭	NT$150
32. LOVE就摺在信紙裡	廖秋蘭	NT$150
33. 串珠結編幸運飾品(彩晶)	陳夏珍	NT$150
34. 串珠HAPPY方程式	王麗芳	NT$180
35. 薪傳立體串珠飾品篇(彩晶)	詹麗君等	NT$180
36. 薪傳立體串珠造型篇	詹麗君等	NT$180
37. 串珠Easy世界	羅瑋	NT$150
38. 炫麗の彩晶(豪華型串珠)	何瑞華	NT$180
39. 多層次立體串珠飾品(彩晶)	林色絹	NT$150
40. 高雅串珠精品(彩晶)	簡素英等	NT$180
41. 中國結串珠之美	廖淑華	NT$180
42. 3D立體串珠吉祥物(彩晶)	胡熒恬	NT$150
43. 串珠‧包包專輯	簡玉燕	NT$150
44. 立體串珠卡通篇(彩晶)	林色絹	NT$150
45. 3D串珠恐龍篇(彩晶)	林月女	NT$150
46. 彩晶造型‧花與玩偶	林淑惠	NT$180
47. 高雅四季手提袋專輯	王美花	NT$150
48. 精緻手提袋DIY	林昭勝等	NT$180
49. 薪傳立體串珠動物篇	詹麗君等著	NT$180
50. 水晶串珠手機小吊飾	周貞貝	NT$150
51. 自製手指娃娃說故事	林筠	NT$180
52. 手套童話玩偶好好做	林筠	NT$180
53. 速成唱遊造型裝扮	高麗婧	NT$150
54. 五十二週親子勞作	林筠‧周文琦	NT$150
55. 親子互美勞	周文琦‧高麗婧	NT$150
56. 小朋友教室佈置與教具	張麗雲	NT$150
57. 好玩的不織布黏布偶教具	張麗雲	NT$150
58. 純真卡片(黏貼式)	林筠	NT$120
59. 好玩的摺紙遊戲	曾寶玉	NT$150
60. 卡通造型△片摺紙	胡熒恬	NT$150
61. 流行趣味民俗編織	許崢嶸	NT$150
62. 彩晶妙趣新造型	容誼珍等	NT$180
63. 釘板編織基礎篇	林月女	NT$180
64. 基礎編織提袋速成	林昭勝	NT$180
65. 華麗水晶寬版精品	陳夏珍	NT$180
66. 最新彩晶幸運造型	林淑惠	NT$180
67. 浪漫水晶蠟燭	徐秀鳳	NT$150
68. 精緻拼布入門(附紙型)	陳美玲	NT$180
69. 穿線式免內裡流行珠包	周莉等	NT$150
70. 鉤編幸運小吊飾	林淑惠	NT$180
71. 初學十字繡(附12款紙型)	林依汎	NT$150
72. 曼妙彩晶精品	林淑惠	NT$150
73. 初學棉紙撕畫(附紙型)	徐秀鳳	NT$200
74. 最新彩晶珍品	詹麗君等	NT$180
75. 幸運手環‧祈福晶珠	陳夏珍	NT$180
76. 彩晶造型熱門篇	林淑惠	NT$180
77. 會動會響的童玩(空紙盒美勞)	陳美玲	NT$180
78. 福運的玉石結藝	廖淑華	NT$150
79. 吉祥生肖卡通彩晶造型	林淑惠	NT$180
80. 紙花盆栽小品	徐秀鳳	NT$180
81. 開運鐵樹水晶花果	陳文娟	NT$150
82. 中國結藝皮繩篇	王藝樺	NT$150
83. 彩晶鋯石精品設計	賴美蓮等	NT$180
84. 網片盒箱提袋造型	邱麗華等	NT$180
85. 薪傳中國結中級篇	廖淑華	NT$180
86. 彩晶造型樂園篇	林淑惠	NT$180
87. 幸運結藝教學篇	邱麗華	NT$200
88. 實用拼布編條篇(附紙型)	陳淑姬	NT$180
89. 彩晶造型星座娃娃	林淑惠	NT$200
90. 水晶珍珠鋯石精品	賴美蓮等	NT$180

91.	彩晶新造型表格篇(財神禮服)	王金蓮	NT$180
92.	彩晶飾品元寶串珠(可做墜飾)	王麗芳	NT$180
93.	精緻拼布傢飾篇(附紙型)	陳美玲	NT$180
94.	精選表格式彩晶造型	林昭勝等	NT$180
95.	串珠達人(彩晶飾品)	何瑞華	NT$180
96.	水晶串珠生肖佳偶	劉亮吟	NT$180
97.	薪傳中高級中國結	廖淑華等	NT$180

巧手DIY系列 （彩色版）

1.	龍族心結藝情－巧思篇	林榮豐	NT$250
2.	實用中國結－初學篇	林榮豐校訂	NT$200
3.	風格貼心禮物包裝	簡美慧	NT$250
4.	龍族心結藝情－心動篇	林榮豐	NT$250
5.	個性店‧家飾～鋁線DIY	簡明明	NT$200
6.	實用低溫軟陶飾品－初級篇	謝明珠	NT$220
7.	實用拼布－初級篇	陳美玲	NT$250
8.	實用紙藝飾物卡片	林筠	NT$250
9.	複方御藥膳　呂盈慶著	曹啟華校訂	NT$250
10.	創意環保ＤＩＹ樂趣多	游淑冰	NT$250
11.	流行中國結捲結篇	詹麗君等	NT$250
12.	龍族心結藝情－師資篇(上菊8K)	林榮豐	NT$600
13.	龍族心結藝情－師資篇(中菊8K)	林榮豐	NT$600
14.	龍族心結藝情－師資篇(下菊8K)	林榮豐	NT$600
15.	吉利結藝‧節慶篇	邱麗華	NT$250
16.	吸管動物造型DIY	潘福坤	NT$250
17.	環保吸管造型創意	潘福坤	NT$250
18.	酷龍寶貝漫畫百科(恐龍彩繪)	潘志輝	NT$280
21.	中國結花藝之美(16K本)	林昭勝	NT$280
22.	實用毛線編織(16K本)	何秋樺	NT$180
23.	中國結寶石之美(16K本)	陳夏珍	NT$280
24.	流行毛線編織入門(16K本)	何秋樺	NT$220
25.	傳統編織手藝(16K本)	陳郭寶桂	NT$200
26.	緣結萬千(中國結基礎16K)	李蔚生	NT$180
27.	實用提袋編織(16K本)	何秋樺	NT$180
28.	壺之賞(茗壺圖鑑16K)	江連居編	NT$480
29.	彩珠ＤＩＹ(24K)	陳郭寶桂	NT$200
30.	紙盒箱精緻傢飾（環保）	郭素釵	NT$200
32.	雀屏蕾絲基礎入門(16K)	陳郭寶桂	NT$200
33.	拉克蘭袖 毛衣輕鬆織(16K)	潘美伶	NT$200
34.	生活毛線編織手藝(16K)	陳郭寶桂	NT$220
35.	結藝的傳承(16K)	結委會編	NT$250
36.	詩情花藝實用篇(16K)	陳玉音等	NT$280
37.	玉‧瓔珞之美(16K玉項鍊繩編)	廖淑華等	NT$360
38.	釘板編織變化篇(16K)	林月女等	NT$200
39.	圓形剪接毛衣編織(16K)	潘美伶	NT$250
40.	手編四季時尚服飾(16K)	林淑惠	NT$280
41.	毛線編織FM式教學篇(16K)	吳富美	NT$180
42.	瓊華瓔珞集錦(16K玉項鍊繩編)	廖淑華等	NT$380
43.	從領口往下織毛衣(16K)	潘美伶	NT$200
44.	一紙造型紙雕(16K)附紙型	潘福坤	NT$250
45.	彩晶造型哈燒篇(18K)	林淑惠	NT$250
46.	黏土的袖珍世界‧初學篇(18K)	吳鳳凰	NT$250
47.	愛毛線編織(18K)	何秋樺	NT$250
48.	首次串彩晶飾品(18K)	相惠芳等	NT$250
49.	表格串珠愛狗造型(18K)	陳湘尹	NT$250
50.	軟陶精品達人(18K)	翁沛騰等	NT$280
51.	串珠精品腰鍊篇(18K)	王麗芳	NT$220
52.	晶飾套組七十五款(18K)	林昭勝	NT$250
53.	表格式串珠包包(18K)	陳碧霞	NT$250
54.	吸管精巧造型(18K)	黃東坤‧莊月珍	NT$250
55.	首次編織波浪蕾絲(18K)	陳郭寶桂	NT$250
56.	時尚項鍊設計(18K)	戴尹瑞玉	NT$280
57.	多好鉤時尚包(18K)	邱麗華	NT$250
58.	精緻繩編八十五款(18K)	潘美伶	NT$220
59.	彩晶造型旋風篇(18K)	林淑惠	NT$250
60.	表格式串珠精品(水晶、18K)	許瑞芸	NT$250
61.	公仔頭彩晶塑身(18K)	黃忠義	NT$250
62.	半寶石串珠設計(18K)	謝美玲	NT$250
63.	時尚貼鑽(18K)	林淑惠	NT$250
64.	黏土的袖珍世界(2)美食篇(18K)	吳鳳凰	NT$250
65.	串大型珠擺飾(18K)	陳碧霞	NT$250
66.	首次學紙藤編織(18K)	楊賢英	NT$250
67.	串珠造型袖珍禮服(18K)	王金蓮	NT$250
68.	打包帶手編提袋(18K)	吳秋蘭	NT$250
69.	就是愛創作泰迪熊(18K)	林要任等	NT$250
70.	首次學編織禮物篇(18K)	潘美伶	NT$280
71.	一件多種穿法編織書(18K)	何秋樺	NT$250
72.	幫洋娃娃換新裝串珠篇(18K表格)	張許榮敏	NT$250
73.	布包版型拼布包(18K)	陳淑姬	NT$250
74.	黏土捏塑公仔60款(18K)	楊秀敏	NT$250
75.	打包帶提袋38型(18K)	陽玉娟‧張素美	NT$280
76.	新型串珠泰迪熊家族	星星	NT$280
77.	雅緻拼布包	陳夏珍	NT$280
78.	第一次學編打包帶提袋(18K)	許崢嶸	NT$280
79.	奶油土黏土捏塑(糕甜點‧18K)	吳鳳凰	NT$250
80.	一顆線織圍巾帽子(圖解式‧18K)	林月女等	NT$250
81.	貼心布娃娃37款(18K)	咔咔文化	NT$280
82.	新型圍巾帽子編織(18K)	潘美伶	NT$250
83.	復古彩繪傢俱(18K)	王素素	NT$280
84.	大顆珠串實用傢飾(18K)	林淑惠	NT$250
85.	經典拼布包28款(18K)	蔡素玫	NT$280
86.	袖珍屋進階木工篇(18K)	陳正樑	NT$250
87.	黏土捏塑泰迪熊(18K)	楊秀敏	NT$280

88. 中國結簡約之美(18K)　　　廖淑華　　NT$280
89. 新型氣球玩花卉(18K)　　　陳奕偉等　NT$280
90. 實用居家布藝(18K)　　　　咔咔文化　NT$280
91. 實用拼貼入門(裝飾藝術・18K) 周家淮　NT$280
92. 手縫泰迪熊及變裝秀(18K)　　林要任等　NT$320
93. 打包帶珍珠帶編提袋大百科　　張玉璿　　NT$380
94. 一定縫成的拼布小物　　　　徐韡禎　　NT$280
95. 夢幻娃娃屋基礎木工　　　　吳明龍　　NT$280
96. 不織布小糕點　　　　　　　吳季庭　　NT$220
97. 不可思議30分鐘縫成一個包　林秀蓮　　NT$280
98. 紙線鉤時尚包創意帽　　　蕭吳雪華等　NT$280
99. 瑤瑤串珠魔法禮服（走線）　　瑤 瑤　　NT$250
100. 禮物商品包裝盒(68款附展開圖) 畢丹・楊智　NT$320
101. 新式時尚帽（40款）　　　潘老師美伶　NT$320
102. 雙手牌羊毛氈戳戳樂　　　　雙手牌　　NT$320
103. 夢幻娃娃屋浪漫篇　　　　　黃詩涵　　NT$350
104. 一定縫成的拼布小物2輯 (18K) 徐韡禎　NT$280
105. 黏土娃娃搖搖樂（18K）　　　楊慧芳　　NT$280
106. 珍珠帶編提袋進階篇(18K)　　張玉璿　　NT$320
107. 鉤針蕾絲飾品編織　　　　陳郭寶桂　　NT$320
108. 植物敲染敲敲樂　　　　　　王白恩　　NT$250
109. 黏土的袖珍世界(3)植物篇　　吳鳳凰　　NT$250
110. 織實用圍巾帽子　　　　　　張寶茹　　NT$320
111. 仔仔王電玩遊戲公仔創作(黏土塑模)傅修潔 NT$320
112. 節慶的摺紙　　　　　蘇卓英(Eagle)　NT$280
113. 一次就成功拉花渲染皂乳香皂　劉柏青　NT$320

速成DIY系列（彩色版）25K本
0806001起

1. 釘板編織輕鬆做　　　　　林月女等　推廣價99
2. 吉祥立體(三角片)摺紙　　　胡燚恬　　NT$120
3. 摺紙(插三角片)幸運物　　　胡燚恬　　NT$150
4. 實用城堡編織基礎　　　　　何秝樺　　NT$150
5. 幸運盤編祈福帶幸運環　　　廖淑華　　NT$120
6. 棒針基礎背心編織　　　　　林月女等　NT$150
7. 襪子填充俏玩偶　　　　　　林宜靜　　NT$150
9. 簡易吸管百變造型　　　　　潘福坤　　NT$180
10. 不織布卡通香包・吊飾　　　林淑惠　　NT$150
11. 盤編幸運帶100款　　　　　潘美伶　　NT$150
12. 實用釘板編織　　　　　　　林月女等　NT$150
13. 組合式城堡編織輕鬆做　　　何秝樺　　推廣價99
14. 組合式城堡編織精緻篇　　　何秝樺　　NT$150
15. 棒針基礎圍巾編織　　　　　林月女等　NT$150
16. 保麗龍球造型DIY　　　　　鄭麗香等　NT$150
17. 雙層絲襪造花・插花　　　　陳文娟　　NT$150
18. 神奇紙藤器具傢飾　　　　　楊賢英　　NT$150
19. 鄉土草編打包帶　　　　　　羅阿地　　NT$150

20. 迷你十字繡福袋篇　　　　　林淑惠　　NT$180
21. 瓦楞紙做卡通玩偶　　　　　胡燚恬　　NT$150
22. 手工窩心卡片　　　　　　　林 筠　　NT$120
23. 流行不織布玩偶香包吊飾　　林淑惠　　NT$150
24. 巧妙的民俗編織　　　陳曉蘋・許崢嶸　NT$180
25. 敬神祈福摺紙(第1輯)　　　胡燚恬　　NT$150
26. 打孔器百變造型　　　　　　陳黛虹　　NT$150
27. 黏土捏塑樂趣多　　　　　　吳鳳凰　　NT$180
28. 初學棒針編織圍巾、帽子詹麗君・辜麗文　NT$150
29. 快樂兒童玩彩色黏土　　　　林愛雀　　NT$180
30. 敬神摺紙福運篇(2輯)　　　胡燚恬　　NT$150
31. 方形盤編幸運手環　　　　　潘美伶　　NT$150
32. 敬神摺紙祭祀篇(3輯)　　　胡燚恬　　NT$150
33. 民俗編織・提袋籃篇　　　　陳曉蘋　　NT$150
34. 棒針基礎・背心特集　　　　林月女等　NT$150
35. 黏土捏塑主題篇　　　　　　吳鳳凰　　NT$150
36. 黏土捏塑實用篇　　　　　　吳鳳凰　　NT$150
37. 慎終追遠敬神摺紙(4輯)　　胡燚恬　　NT$150
38. 補財庫敬神摺紙(5輯)　　　莊翊禎　　NT$150
39. 首次學棒針圖解篇　　　　　林月女等　NT$180
40. 摺紙造型創作　　　　　　　林勝棟　　NT$150
41. 可愛生肖三角摺紙　　　　　胡燚恬　　NT$180
42. 塑土娃娃頭彩晶串珠　　　　白豐鳴　　NT$180
43. 敬神摺紙明聖龍船(6輯)　　吳育容等　NT$150
45. 首次學鉤針圖解篇　　　　　林月女等　NT$180
46. 敬福德財神摺紙(7輯)　　　莊翊禎　　NT$150
47. 婚禮誕生串珠禮物　　　　　劉吟亮等　NT$180
48. 敬神摺紙新式樣篇(8輯)　　胤亭等　　NT$180
49. 串珠泰迪熊23型(表格)增訂版 容誼珍等　NT$200
50. 新型摺紙　　　　　　　　　林勝棟　　NT$200
51. 串珠袖珍包100款（表格）　邱麗華等　NT$200
52. 平面串珠卡包掛飾(表格)　張許榮敏　推廣價$200
53. 袖珍串珠迷你公仔(表格式)　容誼珍等　NT$180
54. 招財敬神摺紙（9輯）　　　莊翊禎　　NT$180
55. 禮物包裝盒提袋摺紙　　　　林慧柔　　NT$180
56. 敬神摺紙新式樣續集（10輯）胤亭等　　NT$180
57. 表格串珠萬用卡包　　　　　邱麗華等　NT$200
58. 親子卡通摺紙　　　　　　　蘇志昌　推廣價$200
59. 一定完成的泰迪熊襪娃娃　　黃子寬等　NT$180
60. 串珠娃娃大頭系列（表格）吉兒的店　推廣價$200
61. 開心摺紙（步驟邊摺邊摺）　林勝棟　　NT$200
62. 黏土捏塑糕點超簡單(做模型)陳薇旭　　NT$180
63. 畫圖的好朋友　　　　　　　張堂毅　　NT$280

每月均有新書出版・詳細內容請上網查看
網址：mishe.web66.com.tw
TEL：886-2-22512725、886-2-22529118
FAX：886-2-22517184